만약에 달걀이 없었더라면 무엇으로 식탁을 차릴까

오늘도
달걀

간단한 아침식사로,
영양보충식으로 즐겨보세요

바쁜 아침, 간단한 식사로 준비하기에 달걀만큼 좋은 재료가 없어요. 남녀노소 누구나 쉽게 만들어 즐길 수 있어 더욱 사랑받는 재료입니다.

영양도 최고예요. 좋은 단백질이 풍부하고, 비타민과 미네랄 등 우리 몸에 필요한 영양을 골고루 갖추고 있어서 현대인에게 꼭 필요한 식품이에요. 게다가 칼로리는 높지 않으면서 포만감은 오래가기 때문에 과식을 막고 다이어트에 도움을 줍니다.

달걀찜, 스크램블드에그 같은 대부분의 달걀 요리는 만들기 쉽고 소화도 잘돼서 언제 먹어도 부담이 없어요. 굽거나 조리거나 찌는 등 조리법에 변화를 주고 여러 가지 재료와 소스로 맛을 더하면 매일 먹어도 맛있답니다. 달걀로 덮밥을 하거나 반찬을 만들고, 샐러드나 샌드위치, 디저트, 음료의 재료로 쓸 수도 있어요.

이 책에는 달걀을 활용한 간단하고 맛있는 달걀 요리가 모두 담겨 있어요. 만들기 쉬우면서도 맛있고 멋진 메뉴들로 가득해 누구나 그럴듯한 요리를 즐길 수 있답니다. 완전식품 달걀을 준비해 간단한 아침식사로, 가벼운 단백질 보충식으로, 날씬한 몸매를 가꾸는 다이어트식으로, 맛있는 영양 간식으로 다양하게 즐겨보세요.

손성희

Contents

part 1
가벼운 한 끼

달걀의 영양

닭이 낳은 알인 달걀은 값싸고 맛있는 가장 훌륭한 단백질원이다. 달걀은 노른자와 흰자, 껍데기로 구성된다. 구성 비율은 대략 60%가 흰자, 30%가 노른자, 10%가 껍데기로 이루어져 있다. 달걀은 크기에 따라 왕란, 특란, 대란, 중란, 소란 등으로 구분된다. 달걀 1개의 무게는 50~60g 정도이며, 칼로리는 1개당 70~80kcal, 100g당 155kcal 정도로 알려져 있다. 주성분은 단백질과 지방이며, 탄수화물과 비타민, 미네랄로 구성된다.

필수아미노산과 비타민, 지방, 각종 미네랄이 풍부한 완전식품

달걀은 단백질과 비타민 A·B₁·B₂·D·E, 지방, 각종 미네랄 등 우리에게 필요한 대부분의 영양 성분이 함유된 완전식품이다. 비타민 C를 제외한 모든 비타민이 풍부하게 들어 있어 꾸준히 먹으면 면역력 증진에 큰 도움이 된다. 달걀은 특히 필수아미노산이 가득한 질 좋은 단백질이 풍부하다. 달걀 한 개를 먹으면 약 11g 정도의 단백질을 섭취할 수 있는데, 이는 성인에게 필요한 하루 단백질 권장량의 20%를 차지하는 양이다.

달걀의 흰자와 노른자는 서로 다른 생김새만큼 영양 성분도 다르다. 흰자는 대부분 수분과 단백질로 이루어져 있으며, 약간의 탄수화물과 비타민 B₂가 들어 있다. 노른자는 단백질과 지방, 비타민, 철분, 각종 미네랄 등 다양한 성분으로 이루어져 있고, 두뇌활동을 돕는 성분이 많은 것이 특징이다.

근육 생성을 도와 다이어트에 효과적

달걀흰자에는 근육을 만드는 데 효과적인 완전 단백질이 함유되어 있어서 근육을 키우려는 보디빌더들은 하루에도 수십 개의 달걀흰자를 먹는다.

노른자에는 지방 외에 칼슘, 철분, 비타민 B₇ 등 몸에 좋은 각종 영양소가 풍부하다. 과거에는 달걀노른자에 콜레스테롤이 많아 피하는 경우가 있었지만, 권장량을 섭취한다면 아무런 문제가 되지 않는다. 달걀노른자에는 200mg의 콜레스테롤이 함유되어 있어서 하

달걀은 우리 몸에 필요한 영양을 골고루 갖추고 있어 완전식품으로 꼽힌다. 칼로리가 높지 않고 포만감이 뛰어나 다이어트 식품으로도 인기다.

루 2개만 먹어도 하루 섭취권장량인 300mg을 초과했다고 생각하기 쉬우나, 식품의 콜레스테롤은 50% 정도만 인체에 흡수되기 때문에 걱정하지 않아도 된다.

특히 달걀의 콜레스테롤은 인체의 지질대사를 도와주기 때문에 오히려 살찔 걱정이 없다. 높은 영양가에 비해 칼로리가 낮고 소화 흡수가 잘 되는 것도 다이어트에 좋은 달걀의 장점이다. 완숙보다는 반숙으로 먹어야 소화와 영양 흡수가 더 잘 된다.

혈액순환을 좋게 하고 두뇌활동을 돕는다

이밖에도 달걀노른자에는 영양 면에서 장점이 많다. 노른자에 들어 있는 레시틴은 혈중 콜레스테롤 수치를 낮춰 혈액순환을 돕고, 기억력·학습능력에 관여하는 두뇌 신경전달물질인 아세틸콜린을 만들어낸다. 아세틸콜린은 두뇌 움직임과 감각 활동을 조절하고 통제하는 역할을 하기 때문에 두뇌가 성장하는 시기와 학습기에 많이 필요하다. 사람은 나이가 들면서 아세틸콜린을 합성하는 능력이 떨어지기 때문에 음식으로 아세틸콜린을 보충해야 한다.

아세틸콜린을 충분히 섭취하지 못하면 건망증, 집중력 저하, 치매 등이 생길 수 있다. 아세틸콜린을 만들어내는 레시틴을 가장 많이 함유한 식품이 바로 달걀 노른자다. 평소 달걀을 꾸준히 먹으면 주의력과 집중력 향상은 물론 치매 예방에도 도움이 된다.

좋은 달걀
고르기 & 보관하기

고르기

서늘한 곳에 보관한 것을 고른다

달걀은 햇빛이 닿지 않는 곳에 보관돼 있는 것을 구입한다. 껍데기가 까칠까칠한 것이 신선한 것이지만, 요즘은 씻어 나오는 달걀이 많아 껍데기로 구분하기 어렵다. 살짝 흔들어보아 달걀 속이 껍데기에서 분리된 듯한 느낌이 나면 오래된 것이다. 물에 넣어보면 신선한 달걀은 가라앉고, 오래된 달걀은 수분을 잃어 가벼워져서 물에 뜬다. 들어보아 무거운 것을 고른다. 깨뜨렸을 때 노른자가 봉긋하고, 흰자는 퍼지지 않아야 한다. 시간이 지날수록 노른자는 탄력을 잃어 납작하게 퍼지고, 흰자는 묽고 투명해진다. 달걀 껍데기의 색깔은 닭의 품종에 따라 달라지며 영양과는 상관없다.

반숙란일수록 신선한 것을 고른다

완전히 익히지 않고 반숙을 하는 경우일수록 신선함이 중요하다. 달걀장이나 수란, 에그 베네딕트처럼 반숙란을 사용하는 음식은 특히 신선한 달걀을 준비한다.

유정란을 찾기보다 사육 환경을 살펴본다

시중에 유통되는 대부분의 달걀은 무정란이다. 무정란은 병아리로 부화될 수 없지만, 유정란은 21일 정도 어미 품과 같은 온도를 유지시키면 병아리로 부화된다. 그렇지만 시중의 유정란은 유통 과정에서 냉장 보관되기 때문에 부화 확률이 아주 낮다. 대부분의 무정란을 생산하는 양계장에서는 '케이지'라고 부르는 비좁은 철조망 안에서 닭을 키우고, 24시간 불을 켜놓고 달걀을 낳게 한다. 반면 유정란 생산을 위해서는 상대적으로 넓은 공간에서 암탉과 수탉이 함께 생활하며 자유롭게 짝짓기를 하도록 풀어 키운다. 무정란과 유정란의 가격 차이가 생겨나는 것은 이런 환경 때문이다.

요즘에는 케이지에서 키운 암탉에게 인공수정을 해서 유정란을 생산하기도 하는데, 이런 환경에서 생산된 달걀은 무정란과 별 차이가 없다. 더 좋은 달걀을 고르려면 유정란이냐 무정란이냐보다는 포장에 설명된 사육 환경과 사료의 종류, 항생제와 성장촉진제 사용 여부 등을 보고 판단하는 것이 더 확실하다. 정부에서 인증·관리하는 유기축산물, 무항생제축산물, HACCP 인증마크 등을 받았는지 확인하는 것도 도움이 된다.

맛과 영양이 풍부한 달걀은 한 끼 식사는 물론 반찬, 간식, 디저트까지 다양한 요리에 활용할 수 있다. 질 좋은 달걀 고르기와 신선도 유지하는 보관법 등을 알아보자.

보관하기

냉장실 안쪽에 보관한다

달걀은 수분을 많이 함유하고 있어서 온도 변화에 영향을 많이 받는다. 숨구멍이 있는 뭉툭한 쪽이 위로 가게 담아 냉장실 안쪽에 넣어둔다. 냉장된 상태의 달걀을 구입했을 때는 반드시 냉장 상태(3~5℃)를 유지해야 한다. 실온 상태의 달걀은 구입 후 바로 냉장고에 보관한다. 보관 중에는 세척을 하지 않는 것이 좋다. 닭똥 같은 이물질이 묻어 있는 경우는 씻어서 두는 것이 좋다. 세척을 한 달걀은 빠르게 소비해야 한다. 냉장 보관 중에는 온도가 변하지 않도록 하는 것이 중요하다. 문 쪽에 꽂아두면 문을 여닫을 때마다 흔들리고 온도 차이가 생겨 신선도를 유지하기 어렵다. 냉장고에 넣었다 꺼내기를 반복해도 온도 변화 때문에 신선도가 급격히 떨어진다. 구형 냉장고는 대부분 문 쪽에 달걀보관함이 있는데, 문을 자주 여닫으면 온도 변화가 심해져 보관에 좋지 않다. 문보다는 냉장고 안쪽에 보관하는 것이 좋다.

또한 달걀은 냄새를 흡수하므로 냄새가 강한 식품 가까이에 두지 않는다. 달걀의 유통기한은 산란일부터 21일 정도인데 이는 일반적인 보관 상태에서 조리해 먹을 수 있는 평균 기간을 보증하는 것이다.

tip 달걀 표면에 찍힌 숫자 확인하는 법

요즘 달걀은 표면에 숫자 도장이 찍혀 있어 이것으로 달걀의 정보를 알 수 있다. 맨 위의 4자리 숫자는 산란 일자를 의미한다. 0701이라면 7월 1일에 알을 낳았다는 뜻이다. 그 아래의 5자리 숫자는 생산자 고유번호로, 양계장마다 부여되는 번호다. 이 번호로 사업장명과 소재지를 확인할 수 있다. 고유번호 옆의 1자리 숫자는 사육 환경을 의미한다.

숫자 1은 자연 방사 닭, 2번은 축사나 하우스, 평지 등에서 흙을 밟고 돌아다닐 수 있게 키운 닭, 3번은 비교적 넓은 케이지에서 키운 닭, 4번은 비좁은 케이지에서 키운 닭을 가리킨다.

달걀 요리의 제맛 살리는
기본 조리법

달걀 삶기

- **달걀은 미리 실온에 꺼내둔다** 달걀을 냉장고에서 꺼내 바로 삶으면 급격한 온도 차로 인해 껍데기가 깨진다. 미리 꺼내두거나 물에 잠시 담가두었다가 삶는다.

- **시간을 재면서 삶는다** 달걀을 삶을 때는 시간을 재면서 삶아야 실패하지 않는다. 삶는 시간에 따라 다양한 상태로 익힐 수 있다. 냄비에 달걀을 담고 물을 달걀이 잠기게 부어 센 불에서 덜 익은 반숙은 7분, 반숙은 9분, 덜 익은 완숙은 13분, 완숙은 16분 정도 삶는다.

달걀프라이 하기

- **달걀흰자의 상태를 살핀다** 달걀프라이는 익어가면서 흰자가 점점 불투명해진다. 흰자의 투명한 상태를 보면 노른자의 익은 정도도 판단할 수 있다. 흰자가 반 정도 불투명해졌을 때가 반숙 정도로, 노른자를 터뜨리면 흘러내리는 상태다. 흰자가 완전히 하얘지면 노른자가 터지지 않고 말랑말랑한 상태가 된다. 흰자가 반 정도 불투명해졌을 때 뒤집어서 뒷면을 익히면 달걀노른자를 더 단단하게 익힐 수 있다.

달걀 요리의 제맛을 내기 위해서는 우선 기본 조리법을 익히는 것이 중요하다.
초보자일수록 기본 조리법을 제대로 알고 시작해야 맛 내기가 한결 쉽다.

달걀말이 만들기

1 **달걀을 풀어 체에 내린다** 달걀을 곱게 풀어야 매끈한 달걀말이가 된다. 젓가락으로 곱게 풀어 체에 한 번 내린다.

2 **팬을 충분히 달군다** 팬이 충분히 달궈지고 기름이 팬에 골고루 발라져야 달걀말이가 팬에 들러붙지 않는다. 달군 팬에 기름을 두르고 고루 퍼지게 한 후 약한 불에서 달걀물을 천천히 부어 익힌다.

3 **80% 정도 익으면 만다** 달걀이 다 익은 뒤에 말면 말린 면이 붙지 않아 달걀말이가 풀어진다. 윗면이 80% 정도 익으면 말기 시작한다.

4 **나눠 부으면 고르게 익는다** 달걀을 처음에 다 붓지 말고 여러 번 나눠 붓는다. 달걀을 부어 돌돌 말아 한쪽으로 민 다음, 빈 공간에 달걀물을 더 붓고 이어서 돌돌 말아 익힌다. 같은 방법을 반복해서 말면 모양내기도 쉽고 달걀이 고르게 익는다.

5 **뜨거울 때 모양을 잡는다** 달걀말이를 반듯하게 만들려면 뜨거울 때 김발에 말아 모양을 잡아야 한다. 식으면 모양 잡기가 어렵다.

달�걀찜 하기

1 **국물을 섞는다** 다시마국물 또는 멸칫국물을 섞어서 달걀찜을 하면 맛있다. 달걀과 국물을 1:3으로 섞는다. 국물을 너무 조금 넣으면 달걀찜이 단단해지고, 너무 많이 넣으면 묽어진다.

2 **거품기로 저어가며 익힌다** 뚝배기나 냄비에 달걀을 담고 거품기로 살살 저어가며 중간 불에서 익힌다. 달걀이 익기 시작해 덩어리가 느껴지면 젓는 것을 멈추고 약한 불에서 익힌다.

3 **중간 불에서 익히다가 약하게 줄인다** 처음에는 중간 불에서 익힌다. 달걀이 익으면서 뻑뻑해지면 바로 불을 약하게 줄인다. 그래야 타지 않고 부드럽게 익는다.

4 **물방울이 맺히지 않게 속뚜껑을 덮는다** 중탕으로 찔 때 찜통 뚜껑에 맺힌 물방울이 달걀에 떨어지면 윗면이 거칠어져 예쁘지 않다. 달걀을 담은 그릇에 뚜껑이나 알루미늄 포일, 또는 종이타월을 덮는다.

오믈렛 만들기

1 **젓가락으로 원을 그리며 젓는다** 달군 팬에 기름을 넉넉히 두르고 곱게 푼 달걀물을 붓는다. 불을 약하게 줄이고 젓가락으로 원을 그리며 재빨리 젓는다.

2 **익기 전에 모양을 잡는다** 달걀이 몽글몽글해지면 재빨리 팬을 기울여 가장자리로 모으고 주걱으로 반달 모양이 되게 접는다. 약한 불에서 앞뒤로 서서히 익혀야 맛있다.

수란 만들기

1 **그릇에 담아서 물속에 넣는다** 달걀을 그대로 끓는 물에 깨뜨려 넣어 익히면 흰자가 퍼져 모양을 잡기가 쉽지 않다. 작은 그릇에 담아 살포시 물속으로 붓는다.

2 **끓는 물에 식초를 넣는다** 끓는 물에 식초를 조금 넣고 달걀을 깨뜨려 넣으면 흰자가 흩어지지 않고 잘 응고 되어 모양이 예쁘게 된다. 3분 정도 익힌 뒤 꺼낸다.

3 **국자에 담아 익힌다** 달라붙지 않도록 국자에 기름을 살짝 바르고 달걀을 깨서 담는다. 처음에는 국자 밑 면만 끓는 물에 담갔다가 흰자의 가장자리가 익기 시 작하면 완전히 담가 마저 익힌다.

4 **뜨거운 물을 끼얹는다** 국자 밑면만 담가 익힐 때 숟가 락으로 뜨거운 물을 수시로 끼얹으면 달걀의 윗면까 지 살짝 익어 물속에 완전히 담갔을 때 달걀이 풀어 지거나 흩어지지 않는다.

스크램블드에그 만들기

1 **10초 정도 그대로 둔다** 달군 팬에 기름을 두르고 달걀 을 풀어 넣은 뒤 약한 불에 10초 정도 그대로 둔다. 더 빠르고 맛있게 익힐 수 있다.

2 **휘저으며 익힌다** 재빨리 휘저으면서 익히다가 달걀이 80% 정도 익으면 불을 끈다. 완전히 익은 것보다 조 금 덜 익은 상태가 부드럽고 맛있다.

3 **다양한 재료를 넣어 응용한다** 푼 달걀에 다양한 재료를 섞어 맛과 영양을 업그레이드한다. 양파, 당근, 버섯, 치즈 등을 잘게 썰어 넣으면 좋다.

달걀 요리에 맛을 더하는
소스와 양념, 부재료

토마토케첩

새콤달콤한 맛이 담백한 달걀 요리와 특히 잘 어울린다. 오므라이스, 오믈렛, 토스트 등에 주로 쓰이며 토마토소스나 칠리소스 등을 만들 때도 유용하다.

치즈

달걀 요리에 맛과 영양을 더하는 대표적인 재료. 특유의 짭짤하고 고소한 맛이 달걀과 잘 어울린다. 체더, 고르곤졸라, 모차렐라, 파르미자노 레자노 등의 치즈가 주로 사용된다. 체더치즈를 잘게 썰어 섞어 맛을 내거나, 모차렐라 치즈를 섞어 쫄깃한 맛을 즐긴다.

디종 머스터드

프랑스 동부 디종이라는 도시에서 재배한 겨자로 만든 소스다. 농도가 진하고 부드러우며 매운 맛이 강하다.

마요네즈

달걀 요리는 물론 다양한 요리에 두루 사용되는 기본 소스다. 달걀노른자와 식물성 기름, 식초, 소금 등이 어우러져 부드럽고 시큼하면서 고소한 맛이 난다.

담백한 달걀 요리에 맛과 향을 더하는 가장 손쉬운 비법은 알맞은 양념을 적절하게 사용하는 것이다. 간편하게 맛을 내고 모양까지 살리는 소스와 양념, 부재료를 소개한다.

너트멕

향이 그윽하며 약간 쓰고 매운 맛이 나는 향신료로 육두구라고도 한다. 달걀 요리에 넣으면 비린내를 없애고 부드러운 맛을 낼 수 있다. 보통 가루를 쓰는데, 알갱이째 구입해 요리할 때 바로 갈아서 쓰는 것이 가장 향이 좋다.

씨겨자

씨가 생생히 살아 있는 겨자소스의 일종으로 홀그레인 머스터드라고도 부른다. 일반 머스터드보다 겨자 향이 진하고 매콤하며, 참깨 정도 크기의 겨자씨 알갱이가 씹히는 맛도 특별하다. 고기를 굽거나 샌드위치, 샐러드를 만들 때 주로 쓰인다.

파슬리

향이 좋아 요리를 장식하는 데 흔히 쓰인다. 생파슬리를 다져서 쓰는데, 다져서 냉동시켰다가 필요할 때마다 쓰면 편리하다. 말린 파슬리가루로 대신해도 좋다.

쯔유

일본식 간장의 일종으로 다양한 일본요리의 소스와 국물에 쓰인다. 다시마와 가다랑어포, 간장 등이 주재료이며, 시판 제품은 2~3배 농축되어 있으므로 물에 희석해서 사용한다. 오야코동, 온천달걀의 맛을 낼 때 쓰면 좋다.

달걀 요리를 쉽고 간편하게
도와주는 조리도구

거품기

달걀의 거품을 내거나 여러 재료와 함께 섞을 때 사용한다. 달걀 거품을 낼 때는 철망이 크면서 촘촘한 것이 좋고, 재료를 섞을 때는 크기가 작으면서 철망이 성근 것이 좋다.

달걀노른자 분리기

달걀노른자를 깔끔하고 손쉽게 분리하는 도구. 그릇에 받쳐놓고 달걀을 깨뜨려 넣으면 노른자만 걸러지고 흰자는 밑으로 빠진다.

매셔

삶은 달걀을 손쉽게 으깰 수 있는 도구. 손잡이가 잡기 편하고 뜨거운 달걀에 사용해도 안전한 재질의 제품을 고른다.

달걀프라이 전용 팬

달걀흰자가 흐트러지지 않고 모양이 동그랗게 잡혀서 달걀프라이가 예쁘게 완성된다. 써니사이드업 모양을 내기도 좋다.

사각 팬

두툼한 달걀말이를 손쉽게 만들 수 있는 달걀말이 전용 팬이다. 달걀말이뿐 아니라 달걀지단을 부칠 때도 유용하다.

달걀 슬라이서

삶은 달걀을 일정한 두께로 써는 도구. 슬라이서에 삶은 달걀을 올린 다음 손잡이를 내리면 고르고 깔끔하게 슬라이스 할 수 있다.

도구가 있으면 요리하기가 훨씬 쉽다. 달걀 요리의 모양을 내고 한결 쉽게 도와주는 도구들을 소개한다. 어떤 도구들이 있는지 눈여겨보았다가 내게 필요한 도구를 준비해보자.

달걀모양 틀

삶은 달걀 또는 삶은 메추리알을 도구 안에 넣고 뚜껑을 덮어 꾹 누르면 모양이 잡힌다. 틀에 따라 다양한 동물 모양을 찍어낼 수도 있고, 달걀을 하트 모양으로 찍어낼 수도 있다.

뚝배기

달걀찜을 할 때는 열전도율이 낮은 뚝배기를 사용하면 은근하게 익힐 수 있어서 좋다. 은근한 불에서 달걀을 저어가며 끓이다가 마지막에 가장 약한 불에서 뜸을 들이면 봉긋하게 솟아오른 달걀찜을 만들 수 있다.

달걀 바늘

달걀에 미세한 구멍을 내는 도구. 달걀을 삶거나 찌기 전에 달걀 바늘로 달걀 윗부분에 구멍을 내면 달걀이 익으면서 생기는 팽창을 막아 터지거나 변형되지 않고 깔끔한 모양을 유지할 수 있다.

달걀찜기

달걀의 개수와 원하는 익힘 정도를 설정해서 찔 수 있는 전용 달걀찜기. 전기를 사용하며 달걀이 다 익으면 전원이 저절로 꺼진다. 제품에 따라 물을 넣어 김으로 찌는 방식과 스테인리스에 열을 가해 찌는 방식이 있다.

핸드믹서

달걀흰자 거품 낼 때 편리하다. 반죽을 섞거나 생크림을 치는 등 다양한 요리에 사용된다.

part

1

가벼운 한 끼

쉽고 간편하게 즐길 수 있는 가벼운 식사거리를 찾는다면 달걀 요리가 제격!

오믈렛, 스크램블, 프리타타 등은 먹기에도 부담 없고

시간 없을 때 손쉽게 만들 수 있어 좋다.

영양 많은 달걀을 활용해 건강과 실속을 모두 챙긴 한 끼 요리를 준비해보자.

프리타타

이탈리아식 오믈렛 프리타타는 토마토와 양파, 달걀이 어우러져 맛과 영양이 풍부하다.
기본 프리타타 재료에 원하는 재료를 더할 수 있다.

2

3

5

재료(2인분)

식빵 1/2장
방울토마토 3개
베이컨 2장
양파·피망 1/2개씩

달걀물

달걀 3개
우유 1컵
체더치즈 1/2컵
모차렐라 치즈 1컵
머스터드 2작은술
소금·후춧가루 1/2작은술씩
파슬리가루 1작은술

1 **식빵 썰기** 식빵을 사방 1.5cm의 주사위 모양으로 자른다.

2 **부재료 썰기** 베이컨은 1cm 길이로 썰고, 방울토마토는 4등분한다. 양파
   와 피망은 다진다.

3 **베이컨·양파·피망 볶기** 달군 팬에 기름을 두르고 베이컨과 양파, 피망을
   볶는다.

4 **달걀물 만들기** 달걀을 풀어 체에 내린 뒤 우유와 치즈, 머스터드, 소금,
   후춧가루, 파슬리가루를 넣어 섞는다.

5 **재료 섞기** 달걀물에 식빵, 방울토마토, 볶은 베이컨과 양파, 피망을 넣
   어 골고루 섞은 뒤 오븐 그릇에 담는다.

6 **오븐에 굽기** 180℃로 예열한 오븐에 20~25분 정도 굽는다.

 프리타타는 팬에 구워도 좋다. 바닥이 두꺼운 무쇠팬을 충분히 달군 뒤 재료를 담고 낮은 불에서
천천히 익히면 된다.

떠먹는 에그 피자

피자 반죽 대신 달걀 여러 개를 팬에 구운 뒤 갖은 재료와 치즈를 듬뿍 올려 떠먹는 피자.
쭉쭉 늘어나는 치즈의 맛이 일품이다.

1

2

4

재료(2인분)

달걀 3개
방울토마토 5개
페퍼로니 5장
모차렐라 치즈 50g
소금 조금
후춧가루 조금
파슬리가루 조금
올리브오일 조금

1 **방울토마토·페퍼로니 썰기** 방울토마토는 4등분으로 자르고, 페퍼로니는
먹기 좋은 크기로 썬다.

2 **달걀 굽기** 달군 팬에 올리브오일을 두르고 달걀을 깨뜨려 넣은 뒤 노른
자를 터뜨린다. 소금, 후춧가루를 뿌려 간한다.

3 **재료 올리기** 달걀이 어느 정도 익으면 방울토마토와 페퍼로니를 골고
루 올리고 모차렐라 치즈를 듬뿍 뿌린다. 불을 끄고 치즈가 녹을 때까
지 둔다.

4 **파슬리가루 뿌리기** 마지막에 파슬리가루를 뿌린다.

tip 페퍼로니는 살라미의 일종으로 후추와 붉은 고추를 넣어 매콤한 맛이 나는 게 특징이다.

스크램블드
에그

바쁘고 입맛 없는 아침,
간단한 식사로 준비하기에
딱 좋은 심플 요리.
영양 만점 달걀을 가장 쉽고
맛있게 즐기는 방법이다.

재료(2인분)

달걀 3개
소금 조금
후춧가루 조금
식용유 조금

1 **달걀 풀기** 달걀을 젓가락으로 세차게 저어 곱게 푼다.

2 **달걀물 붓기** 달군 팬에 기름을 두른 뒤 풀어놓은 달걀을 붓고 불을 약하게 줄여 10초 정도 그대로 둔다.

3 **휘저어가며 익히기** 젓가락으로 재빨리 휘저어가며 달걀을 익힌다.

4 **간하기** 달걀이 부드러운 상태로 익으면 소금, 후춧가루를 뿌려 간한 뒤 불을 끈다.

감자 프리타타

오븐 대신 팬에 바로 구워낸
색다른 프리타타. 팬에 얇게
썬 감자를 펼쳐 담고 그 위에
달걀물을 부어 구웠다. 바삭하게
구운 감자 맛이 일품이다.

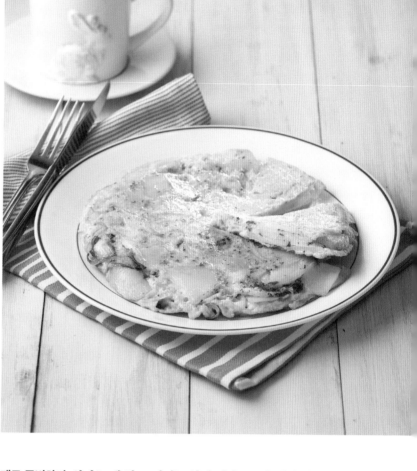

재료(2인분)

감자 3개
양파 1/2개
달걀 2개
우유 2큰술
소금 조금
후춧가루 조금
파슬리가루 조금
식용유 적당량

1

3

1 **재료 준비하기** 양파는 채 썰고, 감자는 얇게 썰어 소금을 살짝 뿌려둔다.

2 **감자·양파 볶기** 달군 팬에 기름을 두르고 감자와 양파를 노릇하게 볶는다.

3 **달걀물 만들기** 달걀을 풀어 체에 내린 뒤 우유와 소금, 후춧가루를 섞고 볶은 감자와 양파를 반만 넣는다.

4 **달걀물 굽기** 달군 팬에 기름을 넉넉히 두르고 남은 감자와 양파를 펴 담은 뒤 ③의 달걀물을 부어 굽는다.

5 **뒤집어 익히기** 바닥이 노릇하게 익으면 뒤집어서 반대쪽도 익힌다. 파슬리가루를 뿌려 그릇에 담는다.

 감자와 달걀, 우유가 들어간 요리는 너트멕 가루, 파슬리가루를 섞으면 맛이 훨씬 좋아진다.

화이트 오믈렛

새하얀 오믈렛에 알록달록 파프리카와 호박이 쏙쏙 박혀 먹음직스러운 다이어트 별식.
달걀노른자를 빼고 흰자만 넣어 칼로리를 확 줄였다.

1

2

4

재료(2인분)
달걀흰자 5개분
주키니 호박 1/4개
파프리카 1/4개
양파 1/6개
녹말물 1큰술
(녹말가루 1/2큰술, 물 1큰술)
소금 조금
후춧가루 조금
식용유 적당량

1 **채소 썰기** 주키니 호박, 파프리카, 양파는 사방 0.5cm 크기로 네모지게
썬다.

2 **달걀흰자 체에 내리기** 달걀흰자에 소금·후춧가루와 녹말물을 섞어 체에
한 번 내린다.

3 **채소 볶기** 달군 팬에 기름을 살짝 두르고 양파와 호박, 파프리카를 살짝
볶아낸다.

4 **재료 섞기** ②의 달걀흰자에 볶은 채소를 섞는다.

5 **오믈렛 만들기** 달군 팬에 기름을 두르고 ④를 부은 뒤 약한 불에서 젓가
락으로 저어가며 익힌다. 주걱으로 달걀을 접어가며 모양을 잡는다.

 주키니 호박은 애호박과 달리 씨가 적어 요리의 모양을 살리기 좋다. 주키니가 없다면 애호박을
씨 부분만 도려내고 사용해도 된다.

오믈렛

간단하면서도 폼 나게 즐길 수 있어 언제나 사랑받는 메뉴. 모양내기가 어려워 보이지만 요령만 알면 누구나 손쉽게 만들 수 있다.

재료(2인분)

달걀 3개
소금 조금
후춧가루 조금
식용유 적당량

1 **달걀 풀기** 달걀을 곱게 푼다.

2 **달걀 익히기** 달군 팬에 기름을 넉넉히 두르고 풀어놓은 달걀을 붓는다. 불을 약하게 줄인 뒤 젓가락으로 원을 그리며 재빨리 젓는다.

3 **모양 잡기** 팬 한쪽으로 달걀을 모으고 뒤집개로 접어가며 모양을 잡는다.

4 **불 끄고 익히기** 뒤집개로 뒤집은 다음 불을 끄고 잠시 그대로 두어 익힌다. 소금, 후춧가루와 토마토케첩을 곁들여 낸다.

 오믈렛은 센 불에서 익히는 것보다 약한 불에서 80~90% 정도만 익혀야 더 부드러운 맛을 낼 수 있다.

브로콜리
새우 오믈렛

우유와 치즈로 부드러운 맛을
살리고 브로콜리와
새우를 넣어 감칠맛을 더했다.

재료(2인분)

브로콜리 50g
칵테일 새우 50g
베이컨 1장
달걀 3개
우유 2큰술
파르메산 치즈가루 1큰술
소금 조금
후춧가루 조금
식용유 적당량

2

5

1 **재료 준비하기** 브로콜리는 소금물에 데친 뒤 작게 썬다. 베이컨은 잘게 썰고, 냉동 칵테일 새우는 해동해 물기를 닦는다.

2 **재료 볶기** 달군 팬에 기름을 두르고 ①을 넣어 살짝 볶는다.

3 **달걀물 만들기** 달걀을 풀어 체에 내린 뒤 우유와 파르메산 치즈가루, 소금, 후춧가루를 넣어 섞는다.

4 **달걀물 익히기** 달군 팬에 기름을 넉넉히 두르고 ③의 달걀물을 붓는다. 불을 약하게 줄인 뒤 젓가락으로 원을 그리며 재빨리 젓는다.

5 **재료 올려 모양 잡기** 달걀물이 반 정도 익었을 때 브로콜리와 칵테일 새우, 베이컨을 가운데에 올리고 달걀을 반으로 접어 익힌다.

에그 베네딕트

대표적인 뉴욕 스타일 브런치. 쫄깃한 잉글리시 머핀 위에 햄과 치즈, 부드러운 수란을 올린 다음 고소한 베샤멜 소스를 듬뿍 끼얹었다. 홀랜다이즈 소스를 곁들여도 좋다.

1

3

4

5

재료(2인분)

잉글리시 머핀 2개
슬라이스 햄 2장
슬라이스 체더치즈 2장
달걀 2개
식초 1큰술
소금 1/3큰술
식용유 조금

베샤멜 소스

밀가루 1큰술
버터 1큰술
우유 1컵
양송이 1개
다진 양파 1큰술
다진 파슬리 조금
소금·후춧가루 조금씩

1 **잉글리시 머핀 굽기** 잉글리시 머핀을 반 가른 다음 마른 팬이나 토스터에 따뜻하게 굽는다.

2 **물 끓이기** 냄비에 물을 넉넉히 붓고 소금과 식초를 넣어 끓인다. 물이 끓기 시작하면 불을 약하게 줄인다.

3 **수란 만들기** 국자에 기름을 살짝 바르고 달걀 1개를 깨뜨려 담은 뒤 끓는 물 위에 올려 익힌다. 달걀흰자의 가장자리가 익으면 물속으로 국자를 조심스럽게 넣어 그대로 5분 정도 익힌다. 이 방법으로 수란 2개를 만든다.

4 **소스 만들기** 달군 팬에 버터를 녹이고 다진 양파를 볶다가 밀가루를 넣어 색이 변하지 않도록 1~2분 정도만 볶는다. 우유와 얇게 썬 양송이를 넣고 멍울이 생기기 않도록 저어가며 끓인 다음 다진 파슬리와 소금, 후춧가루를 넣어 간한다.

5 **재료 올리고 소스 끼얹기** 구운 잉글리시 머핀에 치즈와 햄, 수란을 올린 뒤 소스를 끼얹는다.

 홀랜다이즈 소스는 크림 상태로 휘핑한 달걀노른자에 녹인 버터를 섞고 레몬즙, 양파, 셀러리 등을 더해 만든다.

멕시칸 프라이드 에그

토르티야에 달걀프라이를 얹고 아보카도와 치즈, 새콤한 토마토소스를 곁들인 멕시코식 브런치.
달걀노른자를 덜 익혀내는 것이 포인트다.

2

3

4

재료(2인분)

토르티야 2장
아보카도 1/2개
달걀 4개
모차렐라 치즈 50g
소금 조금

토마토소스

토마토 퓌레 200g
다진 양파 4큰술
소금 조금
후춧가루 조금
올리브오일 조금

1 **토마토소스 만들기** 달군 팬에 올리브오일을 두르고 다진 양파를 넣어 갈색이 나도록 볶다가 토마토 퓌레와 소금, 후춧가루를 넣고 걸쭉해질 때까지 끓인다.

2 **아보카도 썰기** 아보카도는 씨를 빼고 껍질을 벗겨 모양대로 얇게 썬다.

3 **토르티야 굽기** 마른 팬에 토르티야를 앞뒤로 살짝 굽는다.

4 **달걀프라이 하기** 달군 팬에 기름을 두르고 달걀을 깨뜨려 넣은 뒤 소금을 뿌려 간한다. 달걀노른자는 살짝 덜 익힌다.

5 **토르티야에 달걀 올리기** 구운 토르티야에 토마토소스를 골고루 펴 바르고 치즈와 아보카도, 달걀프라이를 올린 뒤 반 접는다.

tip 토마토소스를 만들 때 다진 쇠고기와 칠리소스를 넣어 멕시칸 칠리소스를 만들어도 좋다.

에그 부리토

스크램블드에그에 갖은 재료를 곁들여 토르티야에 싸 먹는 멕시칸 스타일의 요리다.
아이들 간식으로 준비하거나 도시락으로 싸기에 좋다.

1·2

4

5

재료(2인분)

토르티야 2장
슬라이스 햄 2장
슬라이스 체더치즈 2장
달걀 3개
감자 1개
소금 조금
후춧가루 조금
식용유 조금

1 **감자 볶기** 감자는 가로세로 1cm 크기로 납작하게 썰어 소금과 후춧가
   루를 뿌린 뒤, 기름 두른 팬에 노릇하게 볶는다.

2 **햄·치즈 썰기** 햄과 치즈는 가늘게 채 썬다.

3 **달걀 익히기** 달걀을 풀어 체에 내린 뒤 기름 두른 팬에 붓고 젓가락으로
   휘저어가며 익힌다.

4 **부리토 말기** 토르티야 한쪽에 볶은 감자와 달걀, 햄, 치즈를 올리고 돌
   돌 말아 양쪽을 접는다.

5 **부리토 굽기** 마른 팬에 부리토를 올려 앞뒤로 굽는다.

tip 돌돌 만 부리토에 달걀노른자를 발라서 오븐에 치즈가 약간 녹을 때까지 구워도 맛있다.

수란 샐러드

상큼한 채소와 파프리카, 래디시를 듬뿍 넣고 단백질이 풍부한 수란과 저칼로리 닭가슴살로
영양의 균형을 맞춘 건강식. 부드럽게 익힌 수란을 터뜨려 먹는 맛이 일품이다.

재료(2인분)

달걀 1개
닭가슴살 40g
샐러드용 채소 60g
토마토 1/2개
파프리카 1/4개
래디시 1개
올리브 3개
식초·식용유 조금씩

드레싱

다진 양파 2큰술
화이트와인 식초 2큰술
올리브오일 3큰술
레몬즙·꿀 1큰술씩
소금 조금

1 **채소 손질하기** 샐러드용 채소를 깨끗이 씻어 물기를 뺀 뒤 먹기 좋게 썬다.

2 **닭가슴살 삶아 찢기** 닭가슴살은 끓는 물에 삶아 건진다. 식으면 손으로
먹기 좋게 찢어둔다.

3 **채소 썰기** 토마토는 적당한 크기로 썰고, 파프리카는 채 썬다. 래디시는
슬라이스 하고, 올리브는 반 가른다.

4 **수란 만들기** 냄비에 물을 넉넉히 붓고 식초를 조금 넣어 끓인다. 물이
끓으면 국자에 기름을 살짝 바르고 달걀을 깨뜨려 넣어 끓는 물 위에
올려 익힌다. 달걀이 어느 정도 익으면 국자를 물속에 푹 담근다.

5 **드레싱 만들기** 드레싱 재료를 골고루 섞는다.

6 **그릇에 담기** 그릇에 샐러드용 채소와 닭가슴살, 토마토, 파프리카, 래디
시, 올리브를 담고 맨 위에 수란을 올린다. 드레싱을 끼얹어 낸다.

 수란을 만들 때 달걀 위에 뜨거운 물을 조금씩 끼얹으면 더 잘 익는다. 불을 약하게 줄인 상태에
서 익혀야 표면이 매끈하게 나온다.

달걀 샐러드

삶은 달걀과 토마토, 아보카도,
아스파라거스를 가지런히
담고 드레싱을 끼얹은 깔끔한
샐러드다.

재료(2인분)

달걀 3개
토마토 1개
아보카도 1/2개
아스파라거스 3줄기
아몬드 슬라이스 조금
소금 조금

드레싱

다진 양파 1큰술
레몬오일 3큰술
화이트와인 식초 2큰술
머스터드·꿀·소금 조금씩

2

3

1 **달걀 삶기** 달걀을 삶아 껍데기를 벗기고 길게 반 자른다.

2 **아스파라거스 데치기** 아스파라거스는 밑동을 자르고 껍질을 벗긴 뒤,
   끓는 물에 소금을 넣고 30초 정도 데쳐 차게 식힌다.

3 **토마토·아보카도 썰기** 토마토는 반 갈라 웨지 모양으로 썰고, 아보카
   도는 씨를 빼고 껍질을 벗겨 모양대로 얇게 슬라이스 한다.

4 **드레싱 만들기** 드레싱 재료를 골고루 섞는다.

5 **그릇에 담기** 접시에 준비한 재료를 담고 드레싱을 끼얹어 낸다.

 레몬오일이 없을 때는 올리브오일이나 포도씨오일을 넣고 레몬즙을 조금 넣는다.

메추리알
단호박 샐러드

비타민 A가 풍부하고 소화가
잘되는 단호박을 삶아서
메추리알과 함께 머스터드
드레싱으로 버무렸다.

재료(2인분)
메추리알 10개
단호박 100g
바나나 1개
적양배추 잎 1장

드레싱
마요네즈 1/3컵
디종 머스터드 1작은술

1

2

1 **메추리알 삶기** 메추리알을 삶아 껍데기를 벗긴다.

2 **부재료 준비하기** 단호박은 껍질을 벗기고 씨를 긁어낸 뒤 전자레인지
에 익힌다. 찐 단호박과 바나나는 한입 크기로 썰고, 적양배추는 채
썬다.

3 **드레싱 만들기** 마요네즈에 디종 머스터드를 섞어 드레싱을 만든다.

4 **드레싱에 버무리기** 준비한 재료를 한데 담고 드레싱으로 버무린다.

 tip 남은 단호박을 보관할 때는 씨를 깨끗하게 긁어낸 뒤 랩에 싸서 냉장 보관한다.

달걀 토마토 수프

토마토와 양파, 달걀을 폭 끓여 만든 마법의 다이어트 수프. 에그 수프 한 그릇이면
속이 든든하면서 칼로리 걱정, 영양 걱정은 사라진다.

2

4

5

6

재료(2인분)
달걀 2개
식빵 1장
양파 1/2개
토마토 1개
버터 조금
파슬리가루 조금
소금 조금
후춧가루 조금

맛국물
치킨스톡 1개
물 1 ½컵

1 **양파·토마토 썰기** 양파는 채 썰고, 토마토는 4등분한다.

2 **크루통 만들기** 식빵을 사방 1cm 크기의 주사위 모양으로 잘라 마른 팬
에 굽는다.

3 **맛국물 만들기** 냄비에 물을 붓고 치킨스톡을 넣어 팔팔 끓인다.

4 **양파 볶기** 다른 냄비에 버터를 두르고 채 썬 양파를 넣어 갈색이 나도록
볶는다.

5 **수프 끓이기** ④에 준비한 맛국물을 부어 끓이다가 토마토를 넣는다.

6 **달걀 풀어 넣기** 달걀을 곱게 풀어 넣고 소금·후춧가루로 간한 뒤 그릇에
담아 크루통과 파슬리가루를 올린다.

 시판 크루통을 이용하면 조리시간도 줄일 수 있고 요리하기가 한결 편하다.

part

2

든든한 한 끼

달걀은 밥이나 국수, 빵과 함께 다양한 요리로 변신할 수 있다.
오므라이스, 전, 프렌치토스트 같은 요리는 달걀이 들어가야 비로소 완성된다.
달걀 피자, 달걀 샌드위치, 달걀말이 김밥,
라면 스키야키 등 달걀과 함께 든든한 한 끼가 되는 요리를 배워보자.

오므라이스

볶음밥을 달걀로 감싸 모양을 잡은 오므라이스는 아이들이 특히 좋아하는 메뉴다.
토마토케첩이나 데미글라스 소스를 뿌리면 잘 어울린다.

1

2

5

재료(2인분)	볶음밥
달걀 4개	밥 1공기
우유 2큰술	베이컨 2장
파르메산 치즈가루 1큰술	양파 1/6개
소금·후춧가루 조금씩	피망 1/2개
식용유 적당량	토마토케첩 2큰술
	소금·후춧가루 조금씩

1 **볶음밥 재료 준비하기** 양파와 피망, 베이컨을 다진다.

2 **볶음밥 만들기** 달군 팬에 기름을 두르고 베이컨을 볶다가 양파, 피망, 밥을 넣어 볶고 소금, 후춧가루로 간한다.

3 **달걀물 만들기** 달걀을 풀어 체에 내린 뒤 우유, 파르메산 치즈가루, 소금, 후춧가루를 넣어 섞는다.

4 **달걀물 팬에 붓기** 달군 팬에 기름을 두르고 달걀물을 부어 고루 퍼지게 한다.

5 **밥 올려 모양 잡기** 달걀이 반 정도 익으면 볶음밥을 가운데에 놓고 반으로 접어 모양을 다듬는다.

6 **접시에 담기** 오므라이스를 접시에 담고 토마토케첩을 위에 뿌린다.

 데미글라스 소스는 쇠고기 육수, 레드와인, 토마토 페이스트 등을 섞어 만든 소스로 브라운 소스라고도 한다. 시판 소스를 이용하면 편리하다.

달걀 버섯 피자

토르티야를 이용한 초간단 피자. 달걀노른자와 치즈의 고소한 맛이 어우러져 특별한 맛을 낸다.
표고버섯과 브로콜리 씹히는 맛도 일품이다.

2

4

5

재료(2인분)

토르티야 1장
표고버섯 1개
브로콜리 50g
달걀노른자 1개
다진 마늘 1/2작은술
피자 치즈 80g
파르메산 치즈 조금
토마토소스 3큰술
올리브오일 조금
식용유 적당량

1 **오븐 예열하기** 오븐을 190℃로 예열한다.

2 **표고버섯·브로콜리 썰기** 표고버섯은 기둥을 떼어 저미고, 브로콜리는 살짝 데쳐 작게 썬다.

3 **표고버섯 볶기** 달군 팬에 기름을 두르고 다진 마늘을 볶다가 표고버섯을 넣어 볶는다.

4 **토르티야에 소스 바르기** 토르티야에 올리브오일을 얇게 바른 뒤 토마토소스를 골고루 바른다.

5 **토르티야에 재료 올리기** 소스 위에 준비한 표고버섯과 브로콜리를 올린 뒤 가운데에 달걀노른자를 올린다. 그 위에 피자 치즈를 골고루 뿌린다.

6 **오븐에 굽기** 190℃의 오븐에 5~8분 정도 치즈가 사르르 녹을 때까지 굽는다. 오븐에서 꺼내 파르메산 치즈가루를 뿌리거나 덩어리 치즈를 얇게 슬라이스 해서 올린다.

 여기서는 지름 25cm 정도의 토르티야에 달걀노른자 1개를 넣었지만, 기호에 따라 3~4개를 넣어도 된다.

달걀 샌드위치

식빵 속에 삶은 달걀을 넣어 만든 간단한 샌드위치. 삶은 달걀을 으깨어 머스터드와 마요네즈를
섞고 알싸한 케이엔 페퍼 가루로 느끼함을 잡았다.

1

재료(2인분)

식빵 4장
오이 1/2개
소금 조금

달걀 속재료

달걀 4개
마요네즈 3큰술
디종 머스터드 1작은술
설탕 1작은술
후춧가루 조금
케이엔 페퍼 가루 조금

2

1 **달걀 삶기** 냄비에 달걀을 담고 물을 부어 16분 정도 완숙으로 삶는다.
삶은 달걀은 바로 찬물에 식혀 껍데기를 벗긴다.

2 **오이 저며 절이기** 오이는 필러로 얇게 저민 뒤 소금을 살짝 뿌려둔다.

3 **삶은 달걀 다지기** 삶은 달걀을 큼직큼직하게 다진다.

4 **속재료 만들기** 다진 달걀에 마요네즈와 디종 머스터드, 설탕, 후춧가루,
케이엔 페퍼 가루를 넣고 섞는다.

4

5 **식빵에 재료 올리기** 식빵 위에 오이를 깔고 달걀 속재료를 올린 뒤 다른
식빵으로 덮어 먹기 좋은 크기로 썬다.

5

 디종 머스터드는 부드럽고 맛이 진한 것이 특징이다. 디종 머스터드가 없다면 일반 머스터드 소
스를 써도 된다.

에그 토스트

노릇한 달걀이 유난히 먹음직스러워 보이는 인기 토스트. 치즈를 뿌려 더욱 부드럽고 고소하다.
베이컨을 구워서 곁들이면 아침식사로도 충분하다.

3

4

5

재료(2인분)

식빵 2장
달걀 2개
파프리카 1개
양파 30g
피자 치즈 조금
파슬리가루 조금
소금·후춧가루 조금씩
식용유 적당량

1 **오븐 예열하기** 오븐을 190℃로 예열한다.

2 **파프리카·양파 썰기** 파프리카는 먹기 좋은 크기로 썰고, 양파는 채 썬다.

3 **파프리카·양파 볶기** 달군 팬에 기름을 두르고 파프리카와 양파를 볶는다.

4 **식빵에 재료 올리기** 식빵 가운데 자리를 남기고 볶은 양파와 파프리카를
   올린 다음, 가운데에 달걀을 깨뜨려 올린다.

5 **치즈 뿌리기** 그 위에 치즈와 파슬리가루, 소금, 후춧가루를 뿌린다.

6 **오븐에 굽기** 190℃의 오븐에 10분 정도 구워 접시에 담고 베이컨을 곁들
   여 낸다.

 오븐에 구울 때 달걀이 바닥으로 흘러내릴 수 있으니 달걀이 흐트러지거나 한쪽으로 치우치지
않도록 주의한다.

프렌치토스트 샌드위치

식빵에 달걀물을 입혀서 구워 부드럽고 촉촉한 맛이 좋다. 빵 사이에 베이컨과 치즈를 넣어
두툼하게 구우면 폭신폭신하고 맛도 더 좋다.

재료(2인분)

식빵 4장
베이컨 4장
슬라이스 체더치즈 2장
식용유 조금
슈거파우더 적당량

달걀물

달걀 2개
우유 1/4컵
설탕 1/2큰술
계핏가루 조금

1 **달걀물 만들기** 달걀을 곱게 풀어 체에 내린 뒤 우유, 설탕, 계핏가루를
  넣고 섞는다.

2 **베이컨 굽기** 베이컨은 반 잘라 팬에 구운 다음 종이타월로 눌러 기름기
  를 없앤다.

3 **식빵에 재료 올리기** 식빵 위에 치즈와 구운 베이컨을 올리고 다른 식빵
  으로 덮는다.

4 **달걀물 입히기** ③의 샌드위치를 달걀물에 담가 앞뒤로 충분히 적신다.

5 **팬에 굽기** 팬에 기름을 두르고 ④의 샌드위치를 올려 약한 불에서 노릇
  하게 굽는다.

6 **슈거파우더 뿌리기** 구운 빵을 4등분으로 자르고 슈거파우더를 뿌린다.

 식빵 안쪽에 크림치즈를 발라서 구워도 맛있다. 메이플 시럽을 곁들이면 잘 어울린다.

맥모닝

바쁜 아침에 후다닥 만들어
따뜻한 커피와 함께 먹으면
좋은 간편한 샌드위치.
버터 대신 마요네즈나
토마토케첩을 발라도 좋다.

재료(2인분)

잉글리시 머핀 2개
달걀 2개
베이컨 2장
슬라이스 체더치즈 2장
버터 조금

1

2

1 **잉글리시 머핀 굽기** 잉글리시 머핀은 반 갈라 안쪽에 버터를 살짝 바르
고 팬에 굽는다.

2 **달걀·베이컨 준비하기** 달걀은 노른자를 깨뜨려 완숙으로 프라이하고,
베이컨은 노릇하게 굽는다.

3 **재료 올리기** 구운 잉글리시 머핀 위에 치즈와 달걀프라이, 베이컨을
올리고 다른 빵으로 덮는다.

 달걀프라이를 만들 때 원형 틀을 사용하면 잉글리시 머핀과 잘 맞는 동그란 모양을 만들기가
쉽다.

크로크마담

진한 치즈 맛을 살린 프랑스식 샌드위치 크로크무슈에 달걀프라이를 올린 것이 크로크마담이다. 치즈와 베샤멜 소스, 달걀이 조화롭다.

재료(2인분)

잡곡빵 4쪽
달걀 2개
슬라이스 햄 2장
슬라이스 체더치즈 2장
피자 치즈 1/2컵
버터 조금

베샤멜 소스

버터·밀가루 1큰술씩
우유 1컵
소금·후춧가루 조금씩

2

4

1 **베샤멜 소스 만들기** 달군 팬에 버터를 녹이고 밀가루와 소금, 후춧가루를 넣어 약한 불에서 2분 정도 볶다가, 우유를 조금씩 부어가며 거품기로 골고루 저어 매끈하고 걸쭉한 소스를 만든다.

2 **빵에 햄·치즈 올리기** 잡곡빵 한쪽에 버터를 바르고 슬라이스 햄과 슬라이스 체더치즈를 올린 다음 다른 빵으로 덮는다.

3 **오븐에 굽기** ②의 빵 위에 베샤멜 소스를 듬뿍 바르고 피자 치즈를 뿌려 180℃의 오븐에 5분 정도 굽는다.

4 **달걀프라이 올리기** 달걀을 반숙으로 프라이해서 그 위에 올린다.

반숙 샌드위치

특별한 소스 없이 토마토, 베이컨, 로메인 레터스만으로 최고의 궁합을 이루는 BLT 샌드위치.
반숙으로 익힌 달걀프라이를 더해 맛과 영양을 높였다.

2

3

4

재료(2인분)
곡물빵 4쪽
달걀 2개
로메인 레터스 5장
토마토 1개
베이컨 3장
슬라이스 체더치즈 1장
식용유 적당량

스프레드
마요네즈 3큰술
씨겨자 1큰술
디종 머스터드 1큰술

1 **재료 준비하기** 로메인 레터스는 먹기 좋은 크기로 자르고, 토마토는
0.5cm 두께로 동그랗게 슬라이스 한다. 베이컨은 마른 팬에 구워서 종
이타월로 눌러 기름기를 없앤다.

2 **달걀프라이 하기** 달군 팬에 기름을 두르고 달걀을 깨뜨려 반숙으로 프라
이한다.

3 **스프레드 만들기** 마요네즈와 씨겨자, 디종 머스터드를 골고루 섞어 스프
레드를 만든다.

4 **곡물빵 구워 스프레드 바르기** 곡물빵을 마른 팬에 살짝 구운 다음 스프레
드를 골고루 펴 바른다.

5 **빵에 재료 올리기** 스프레드 바른 빵 위에 로메인 레터스와 토마토, 슬라
이스 체더치즈, 베이컨, 달걀프라이를 올린 다음 다른 빵으로 덮는다.

 홀그레인 머스터드라고도 불리는 씨겨자는 디종 머스터드나 일반 머스터드로 대신해도 된다.

모닝빵 버거

모닝빵에 토마토를 올리고
다진 양파와 오이피클을 고르게
펼쳐서 만든 샌드위치.
모닝빵과 어울리는 달걀샐러드가
부드럽고 고소하다.

재료(2인분)

모닝빵 2개
토마토 1/2개
버터 2큰술

속재료

삶은 달걀 2개
다진 양파 1큰술
다진 오이피클 1큰술
마요네즈 2큰술

1 **모닝빵에 버터 바르기** 모닝빵은 위아래로 반 갈라 안쪽에 버터를 바른다.

2 **토마토 썰기** 토마토는 모닝빵 크기로 준비해 1cm 두께로 슬라이스 한다.

3 **속재료 준비하기** 삶은 달걀은 잘게 썰어 다진 양파, 다진 오이피클과 섞고 마요네즈를 넣어 고루 버무린다.

4 **샌드위치 만들기** 빵 아래쪽에 토마토를 올리고 버무린 속재료를 소복이 얹은 다음 나머지 빵으로 덮는다.

달걀부침 토스트

길거리 포장마차에서 파는 채소 달걀부침 토스트. 양배추, 양파를 채 썰어 넣고 달걀부침을 부쳐서 식빵 사이에 끼운 뒤 토마토케첩을 뿌리면 된다.

재료(2인분)

식빵 4장
토마토케첩·버터·식용유 조금씩

채소 달걀부침

달걀 2개
양배추 잎 3장
양파·당근 1/4개씩
대파 1/2뿌리
소금·후춧가루 조금씩
식용유 적당량

1 **식빵 굽기** 식빵은 버터를 두른 팬에 노릇하게 굽는다.

2 **달걀물에 채소 섞기** 달걀을 풀어 소금, 후춧가루로 간하고 양배추, 양파, 당근, 대파를 곱게 채 썰어 함께 섞는다.

3 **달걀부침 지지기** 팬에 기름을 두르고 채소 달걀물을 부어 빵의 크기로 모양을 잡은 후 익힌다.

4 **식빵에 달걀부침 얹기** 식빵 1장에 달걀부침을 얹은 뒤 토마토케첩을 뿌리고 다른 식빵 1장을 덮는다.

달걀말이 김밥

늘 먹는 김밥에 변화를 주고 싶다면 노란 달걀지단으로 김밥에 옷을 입혀보자.
영양도 업그레이드되고 색깔도 예뻐 한결 먹음직스럽다.

2

5

6

재료(2인분)
따뜻한 밥 1 ½공기
시금치 110g
당근 1/3개
햄 150g
김밥용 단무지 150g
구운 김 3장
달걀 3개
다진 마늘 1/2작은술
소금 조금
참기름 적당량
식용유 조금

1 **밥 양념하기** 밥에 참기름 1큰술과 소금 1/2작은술을 넣고 골고루 섞는다.

2 **시금치 무치기** 시금치는 데쳐서 물기를 꼭 짠 뒤 다진 마늘 1/2작은술과
   참기름 1작은술, 소금 1/4작은술을 넣고 조물조물 무친다.

3 **당근 볶기** 당근은 채 썰어 기름 두른 팬에 소금으로 간을 해서 볶는다.

4 **햄 굽기** 햄은 0.5cm 굵기로 길게 썰어 기름 두른 팬에 굽는다.

5 **김밥 말기** 김발에 김을 깔고 밥을 1/3만큼 올려 고루 펼친 뒤, 준비한 시
   금치와 당근, 햄, 단무지를 하나씩 올려 돌돌 만다.

6 **달걀물 입혀 굽기** 달군 팬에 기름을 두르고 달걀을 깨뜨려 넣은 다음 달
   걀노른자를 터뜨리면서 넓게 펼친다. 반 정도 익으면 그 위에 김밥을 올
   리고 달걀로 돌돌 말아 감싸 굽는다.

tip
달걀을 익힐 때는 약한 불에서 서서히 익히고, 달걀의 윗면이 덜 익었을 때 김밥을 올려야 잘 말
린다. 고른 색을 내고 싶다면 달걀을 곱게 풀어서 부치면 된다.

달걀밥전

표고버섯과 우엉으로 맛을 낸
볶음밥을 동그랗게 빚어서 지진
밥 동그랑땡. 아이들 도시락으로
준비하면 좋다.

재료(2인분)

밥 1공기
달걀 1개
표고버섯 2개
우엉 50g
밀가루 3큰술
참기름·깨소금 조금씩
소금·식용유 조금씩

조림장

간장·맛술 2작은술씩
물 2큰술

3

4

1 **버섯·우엉 준비하기** 표고버섯은 물에 불려 기둥을 떼고 다진다. 우엉은
  껍질 벗겨 다진 다음 조림장 재료를 넣어 조린다.

2 **밥 양념하기** 밥에 다진 표고버섯과 조린 우엉, 참기름, 깨소금, 소금을
  넣고 골고루 섞는다.

3 **달걀옷 입히기** 양념한 밥을 지름 4~5cm, 두께 1cm 크기로 동글납작하
  게 빚은 뒤, 밀가루를 묻히고 달걀을 풀어 달걀옷을 입힌다.

4 **팬에 지지기** 달군 팬에 기름을 두르고 달걀옷 입힌 밥을 올려 앞뒤로
  노릇하게 지진다.

달�걀말이 초밥

달걀말이 초밥에 김으로
띠를 둘러 모양을 냈다.
고추냉이 간장을 곁들이면 일식
초밥의 맛을 느낄 수 있다.

재료(2인분)

밥 2공기
구운 김 1장

달걀물

달걀 4개
다시마국물 4큰술
청주·맛술 1큰술씩
설탕 1작은술
소금 1/3작은술

배합초

식초·설탕 2큰술씩
소금 2작은술

2

3

1 **밥에 배합초 섞기** 따뜻한 밥에 설탕이 녹을 정도로 데운 배합초를 넣고 골고루 섞는다.

2 **달걀물 만들기** 달걀을 풀어 체에 내린 뒤 다시마국물과 청주, 맛술, 설탕, 소금을 넣어 섞는다.

3 **달걀말이 만들기** 기름 두른 팬에 달걀물을 반만 부어 익힌다. 겉이 살짝 굳어지면 돌돌 말고, 빈자리에 남은 달걀물 반을 붓는다.

4 **밥 위에 달걀말이 올리기** 한 김 식으면 1cm 두께로 썰어 타원형으로 빚은 초밥 위에 올린다. 김을 길게 잘라 달걀말이 초밥 가운데에 두른다.

달걀버터밥

뜨거운 밥에 달걀노른자와 버터를
올려 쓱쓱 비벼 먹는 추억의
요리다. 달걀노른자를 간장에
절여서 넣으면 더 맛있다.

재료(2인분)

달걀노른자 4개
간장 1/2컵
맛술 1/4컵
깍두기·버터 조금씩

버터밥

쌀 2컵
버터 1큰술
다시마(5cm) 1장
물 2 ¼컵

양념장

간장 2큰술
다진 파·마늘·참기름·깨소금 조금씩

1. **달걀노른자 절이기** 밀폐용기에 간장과 맛술을 붓고 달걀노른자를 터지지 않게 담아 반나절 정도 그대로 둔다.

2. **깍두기 다지기** 깍두기는 물에 헹군 뒤 잘게 다진다.

3. **버터밥 짓기** 쌀을 씻어 냄비에 담고 물을 부은 뒤 다시마와 버터를 넣어 밥을 짓는다.

4. **양념장 만들기** 양념장 재료를 분량대로 배합해 골고루 섞는다.

5. **그릇에 담기** 그릇에 버터밥을 담고 다진 깍두기를 뿌린 뒤 절인 달걀노른자와 버터를 올린다. 양념장을 곁들여 비벼 먹게 한다.

달걀명란밥

뜨거운 밥에 명란젓과
달걀프라이를 얹어 비벼 먹는
별미밥. 참기름과 깨소금을
넣고 비비면 더욱 맛있다.

재료(2인분)

밥 2공기
명란젓 200g
달걀 2개
식용유 조금
송송 썬 실파 1큰술
참기름 2작은술
깨소금 조금
채 썬 김 적당량

1 **명란젓 썰기** 명란젓은 먹기 좋은 크기로 잘게 썬다.

2 **달걀프라이 하기** 달군 팬에 식용유를 두르고 달걀프라이를 만든다.

3 **그릇에 담기** 밥에 명란젓, 달걀프라이, 송송 썬 실파, 채 썬 김을 올리
고 참기름과 깨소금을 뿌린다.

 명란 알집을 터뜨려 알만 발라내서 올려도 좋다.

달걀볶음밥

바쁜 아침에도 손쉽게 준비할 수 있는 스피드 볶음밥. 달걀과 베이컨, 마늘, 양파가 들어가
영양에도 손색이 없다. 집에 있는 재료로 응용할 수 있다.

1

3

4

재료(2인분)

밥 1 ½공기
달걀 2개
달걀노른자 1개
베이컨 3장
양파 1/2개
마늘 3쪽
마요네즈 2큰술
다진 대파 4큰술
소금 1/2작은술
후춧가루 조금
식용유 조금

1 **재료 썰기** 베이컨은 1cm 길이로 썬다. 양파는 곱게 다지고, 마늘은 얇게
저민다.

2 **달걀 풀기** 달걀과 달걀노른자는 곱게 푼다.

3 **재료 볶다가 밥 넣어 볶기** 달군 팬에 기름을 두르고 베이컨과 양파, 마늘
을 볶다가 밥과 마요네즈를 넣어 볶는다.

4 **달걀 넣어 볶기** 볶은 재료를 한쪽으로 밀고 풀어놓은 달걀을 부어 젓가
락으로 휘저어가며 익히다가 밥을 넣고 골고루 섞어 볶는다.

5 **간하기** 소금과 후춧가루로 간한 뒤 다진 대파를 넣고 살짝 볶아 불에서
내린다.

 마요네즈 대신 굴소스를 넣으면 중국식 볶음밥이 된다. 기호에 따라 토마토케첩을 뿌린다.

달걀죽

달걀과 호박, 파프리카, 양파를 넣고 푹 끓인 간단 별미죽. 영양소가 골고루 들어 있고 후다닥
끓일 수 있다. 소화 기능이 약하거나 입맛이 없을 때 먹으면 좋다.

1

2

4

5

재료(2인분)

밥 1공기
양파 50g
파프리카 1/4개
주키니 호박 1/4개
달걀 2개
청주 1큰술
소금·후춧가루 조금씩
참기름 1큰술
식용유 1큰술

바지락국물

바지락 300g
물 2 ½컵

1 **채소 썰기** 양파와 파프리카, 주키니 호박은 사방 0.5cm 크기로 네모지
게 썬다.

2 **바지락국물 내기** 냄비에 물과 바지락을 넣고 팔팔 끓인 뒤 맑은 바지락국
물을 거르고, 바지락은 살만 발라둔다.

3 **달걀 풀기** 달걀을 풀어 청주 1큰술을 넣고 잘 섞는다.

4 **채소·밥 볶기** 냄비에 식용유와 참기름을 두르고 채소를 볶다가 밥을 넣
고 끈기가 날 때까지 볶는다.

5 **죽 끓이기** ④에 바지락국물을 부어 밥알이 충분히 퍼질 때까지 중간 불
에서 저어가며 끓인다.

6 **달걀물 넣기** 밥이 어느 정도 퍼지면 바지락 살을 넣고 달걀물을 넣어 저
은 뒤 소금, 후춧가루로 간한다.

 바지락국물 대신 멸치, 황태로 국물을 내서 끓여도 잘 어울린다. 양념간장을 만들어 곁들여도 좋다.

오야코동

따뜻한 밥 위에 알맞게 간이 밴 닭고기와 달걀, 양파를 올리고 자작하게 조려 먹는
일본식 닭고기덮밥. 달착지근하고 부드러운 맛이 특징이다.

1

2

5

재료(2인분)

따뜻한 밥 1 ½공기
닭다리살 200g
청주 2큰술
달걀 4개
양파 1/2개
실파 6뿌리

조림국물

쯔유 3~4큰술
물 1 ½컵

1 **닭다리살 삶기** 닭다리살을 준비해 끓는 물에 청주를 넣고 색이 살짝 변
   할 때까지만 삶아 건져서 물기를 뺀다.

2 **양파·실파 썰기** 양파는 채 썰고, 실파는 송송 썬다.

3 **달걀 풀기** 달걀은 흰자와 노른자가 완전히 풀어지지 않을 정도로 대강
   푼다.

4 **닭고기 끓이기** 작은 팬에 양파를 깔고 삶은 닭고기를 올린 뒤 조림국물
   을 부어 센 불에서 팔팔 끓인다.

5 **달걀물 부어 익히기** 닭이 반 정도 익으면 풀어놓은 달걀물을 골고루 부
   어 반 정도만 익힌다.

6 **밥 위에 올리기** 그릇에 따뜻한 밥을 담고 ⑤의 국물을 부은 뒤 송송 썬
   실파를 듬뿍 뿌린다.

tip 닭고기는 끓는 물에 청주를 몇 방울 떨어뜨려 넣고 데치면 누린내와 불순물을 없앨 수 있다.

쌀국수 달걀볶음

매콤한 소스에 새우와 쌀국수, 달걀이 어우러져 깔끔하면서 담백한 맛이 난다.
해물과 채소를 오래 볶으면 질척해지므로 재빨리 볶아내는 것이 포인트.

1

3

4

재료(2인분)

쌀국수 150g
달걀 2개
칵테일 새우 50g
숙주 80g
표고버섯 1개
양파 1/5개
실파 5뿌리
레몬 1/6개
크러시드 레드 페퍼 1/2작은술
고추기름 3큰술

볶음 소스

피시소스 2작은술
식초·황설탕 1큰술씩
굴소스 1큰술

1 **쌀국수 불리기** 쌀국수는 찬물에 담가 부드럽게 불린다.

2 **양파·표고버섯 썰기** 양파는 채 썰고, 표고버섯은 모양대로 얇게 저민다.

3 **실파·숙주·새우 손질하기** 실파와 숙주는 다듬어 4~5cm 길이로 썰고, 칵테일 새우는 해동해 물기를 뺀다.

4 **재료 볶기** 달군 팬에 고추기름을 두르고 양파와 새우, 표고버섯 순서대로 넣어 볶는다.

5 **쌀국수 넣어 볶기** 불린 쌀국수와 볶음 소스를 넣고 쌀국수가 익을 때까지 볶는다.

6 **달걀 풀어 넣기** 숙주와 실파를 넣어 섞은 뒤 달걀을 곱게 풀어 끼얹고 크러시드 레드 페퍼를 뿌린다. 레몬을 곁들여 낸다.

 크러시드 레드 페퍼는 굵게 빻은 서양 고춧가루의 일종으로, 요리 위에 뿌려 매콤한 맛과 모양을 낸다. 크러시드 레드 페퍼가 없으면 넣지 않아도 된다.

라면 스키야키

간장국물로 맛을 내는 일본식 전골요리인 스키야키를 응용한 특색 있는 라면요리.
고소한 달걀노른자에 찍어 먹는 맛이 일품이다.

2

3

4

재료(2인분)
라면 2개
달걀노른자 4개
표고버섯 1개
대파 1/2뿌리
물 2 ½컵

1 **버섯·대파 썰기** 표고버섯은 기둥을 떼어 저며 썰고, 대파는 어슷하게 썬다.

2 **라면 끓이기** 냄비에 물을 붓고 끓인다. 끓어오르면 라면과 분말스프를 넣고 끓인다.

3 **달걀 풀기** 달걀노른자를 곱게 푼다.

4 **버섯·대파 넣어 끓이기** 라면이 거의 익으면 준비한 표고버섯과 대파를 넣고 한소끔 끓인다.

5 **달걀 곁들이기** 라면을 그릇에 담고 풀어놓은 달걀노른자를 곁들여 라면을 적셔 먹게 한다.

tip 보통 쇠고기 스키야키를 많이 먹는데, 라면에 저민 쇠고기를 넣어 함께 끓이면 두 가지 맛을 느낄 수 있다.

part

3

맛있는 밥반찬

달걀말이, 달걀찜은 언제 먹어도 질리지 않는 국민 반찬이다.
만들기도 쉬워 달걀 하나만 있으면
누구나 영양 만점 달걀 반찬을 뚝딱 만들 수 있다. 조리법도 다양해
날마다 다른 맛을 즐길 수 있다.

달걀말이

달걀을 풀어 두툼하게 부친 달걀말이는 남녀노소 누구나 좋아하는 반찬이다. 피자 치즈를 듬뿍 뿌려서 달걀말이를 해도 고소하고 맛있다.

재료(2인분)

달걀 4개
우유 2큰술
다진 실파 3큰술
국간장 1/4작은술
깨소금 1작은술
소금 1/4작은술
식용유 적당량

1 **달걀 풀어 체에 내리기** 달걀을 곱게 풀어 소금으로 간하고 체에 한 번 내린다.

2 **달걀물 만들기** 풀어놓은 달걀에 우유와 다진 실파, 국간장, 깨소금을 넣어 섞는다.

3 **달걀물 부어 익히기** 코팅이 잘된 사각 팬을 약한 불로 달군 뒤 기름을 두르고 달걀물을 1/3 정도만 붓는다. 80% 정도 익으면 3cm 정도 폭으로 돌돌 말아 한쪽으로 민다.

4 **나머지 달걀물 부어 말기** 말아놓은 달걀말이 옆에 남은 달걀물의 반을 붓고 80% 정도 익으면 이어서 돌돌 만다. 나머지 달걀물을 부어 반복한다. 이렇게 해야 겉과 속이 골고루 익는다.

5 **김발로 모양 잡기** 완성된 달걀말이를 김발로 감싸 모양을 다듬은 뒤 한 김 식힌다.

6 **달걀말이 썰기** 달걀말이가 식으면 먹기 좋은 크기로 썬다.

 기름을 많이 두르면 기포가 생기고 매끄럽게 되지 않는다. 팬을 충분히 달구어 기름을 두르고 종이타월로 살짝 닦아낸 뒤 부친다.

시금치
달걀말이

시금치는 달걀과 함께
요리하면 모양도 살고 영양도
업그레이드된다. 간단하게
만드는 달걀말이에 시금치
하나만 넣어도 특별해진다.

재료(2인분)

시금치 100g
게맛살 10g
달걀 4개
소금 조금
깨소금·참기름 조금씩
식용유 적당량

2

3

1 **달걀 풀기** 달걀을 곱게 풀어 체에 내린 뒤 소금으로 간한다.

2 **게맛살·시금치 준비하기** 게맛살은 잘게 찢고, 시금치는 데쳐서 물기를
   짠 뒤 소금, 깨소금, 참기름으로 간한다.

3 **달걀물 부어 익히기** 기름 두른 팬에 달걀물을 1/3 정도만 붓고 익힌다.
   살짝 익으면 시금치와 게맛살을 올리고 돌돌 말아 한쪽으로 민다. 나
   머지 달걀물을 두 번에 걸쳐 붓고 이어서 돌돌 마는 과정을 반복한다.

4 **김발로 모양 잡기** 완성된 달걀말이를 김발로 감싸 모양을 다듬은 뒤
   한 김 식힌다.

5 **달걀말이 썰기** 달걀말이가 식으면 먹기 좋은 크기로 썬다.

명란
달걀말이

명란을 통째로 넣고 돌돌 말아
구운 일본식 달걀말이.
짜지 않은 백명란을 넣어
담백한 맛을 살렸다.
도시락 반찬으로도 딱 좋다.

재료(2인분)

백명란 50g
맛술 1큰술
식용유 적당량

달걀물

달걀 3개
다시마국물 2큰술
청주·맛술 1큰술씩
소금 조금

2

3

1 **달걀물 만들기** 달걀물 재료를 모두 섞은 뒤 체에 한 번 내린다.

2 **명란 손질하기** 백명란을 반 갈라 맛술 1큰술을 살짝 뿌려놓는다.

3 **달걀 부어 익히기** 기름 두른 팬에 달걀물을 1/3 정도만 붓고 익힌다.
살짝 익으면 가운데에 ②의 백명란을 올리고 돌돌 말아 한쪽으로 민
다. 나머지 달걀물을 두 번에 걸쳐 붓고 이어서 돌돌 마는 과정을 반
복한다.

4 **김발로 모양 잡기** 완성된 달걀말이를 김발로 감싸 모양을 다듬은 뒤
한 김 식힌다.

5 **달걀말이 썰기** 달걀말이가 식으면 먹기 좋은 크기로 썬다.

달걀찜

부드러운 달걀찜 하나만 있어도
밥 한 그릇을 뚝딱 비울 수
있다. 대파를 송송 썰어 넣으면
특유의 알싸한 맛과 향이
더해져 입맛을 돋운다.

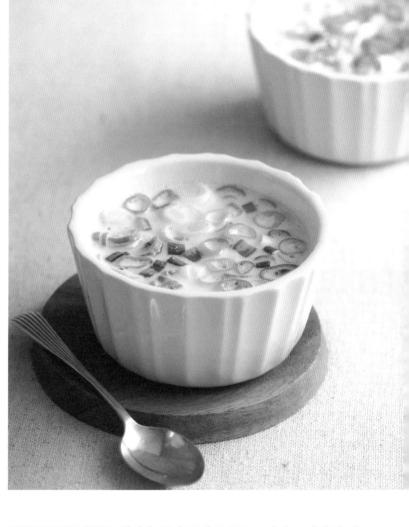

재료(2인분)

달걀 5개
대파 1뿌리
새우젓 1/2큰술
맛술 2큰술
소금 1작은술
물 2½컵

2

4

1 **달걀 풀어 체에 내리기** 달걀을 곱게 풀어 소금으로 간하고 체에 한 번
  내린다.

2 **새우젓·대파 준비하기** 새우젓은 잘게 다지고, 대파는 송송 썬다.

3 **재료 섞기** 풀어놓은 달걀에 새우젓과 대파, 맛술, 물을 넣고 골고루
  섞는다.

4 **중탕으로 찌기** ③을 내열용기에 담아 물을 반 정도 채운 냄비에 중탕
  으로 15분 정도 찐다.

 달걀물을 만들 때 맹물 대신 멸칫국물이나 다시마국물을 넣어도 맛있다.

뚝배기
달걀찜

곱게 푼 달걀을 새우젓으로
간 맞춰 부드럽게 익힌 달걀찜.
뚝배기에 안쳐 푸짐하게
준비하면 저녁식탁
메인 반찬으로 손색이 없다.

재료(2인분)

달걀 4개
멸칫국물 1 ½컵
새우젓 1큰술
표고버섯 가루 1작은술
맛술 2큰술
참기름 1작은술
다진 풋고추·붉은 고추 조금씩
깨소금 조금

1

3

1 **국물 끓이기** 뚝배기에 멸칫국물과 새우젓을 담아 한소끔 끓인다.

2 **달걀물 만들기** 달걀을 곱게 풀어 체에 내린 뒤 표고버섯 가루와 맛술,
참기름을 넣고 섞는다.

3 **달걀물 끓이기** ①의 뚝배기에 달걀물을 붓고 거품기로 저어가며 중간
불에서 끓인다.

4 **뜸들이기** 달걀물이 익기 시작하면 다진 고추와 깨소금을 뿌리고 불
을 가장 약하게 줄여 5분 정도 뜸을 들인다.

 처음에는 중간 불에서 익히다가 달걀물이 익으면서 뻑뻑해지면 바로 불을 약하게 줄인다.
그래야 타지 않고 부드럽게 된다.

일본식 달�걀찜

야들야들하고 부드러운 맛이 일품인 달걀찜. 다시마국물과 청주를 넣어 부드러운 맛을 살렸다.
고명은 은행, 새우, 버섯, 죽순, 게살 등을 적당히 응용해서 올린다.

재료(2인분)

달걀 3개
다시마국물 2 ¼컵
게맛살 10g
칵테일 새우 3마리
은행 4알
국간장 1/4작은술
청주 1큰술
소금 1작은술

1 **달걀 풀어 체에 내리기** 달걀을 곱게 풀어 소금, 청주, 국간장으로 간하고
체에 한 번 거른다.

2 **은행 볶아 껍질 벗기기** 은행은 마른 팬에 볶아 껍질을 벗긴다.

3 **게맛살·새우 손질하기** 게맛살은 가늘게 찢고, 냉동 칵테일 새우는 해동
해 물기를 없앤다.

4 **그릇에 담기** 풀어놓은 달걀에 다시마국물과 게맛살을 섞어 그릇에 담고
알루미늄 포일로 덮는다.

5 **중탕으로 찌기** 물을 반쯤 채운 냄비에 달걀 그릇을 넣어 10분 정도 찐
뒤, 은행과 새우를 올리고 5분 정도 더 익힌다.

tip 고명은 처음부터 넣으면 달걀 속으로 빠져 보이지 않으므로 달걀이 반 정도 익었을 때 올린다.

달걀조림

달걀을 삶아 조림장에 은근히 조린 인기 밥반찬. 고추를 넣어 칼칼한 맛을 살렸다.
달걀로만 장조림을 만들어도 좋고, 달걀과 고기를 함께 조려도 좋다.

1

2

3

재료(2인분)	조림장
달걀 5개	마른 고추 3개
	간장 5큰술
	청주·맛술 2큰술씩
	매실청 1큰술
	설탕 1큰술
	물 5큰술

1 **달걀 삶기** 냄비에 달걀을 담고 물을 부어 9분 정도 삶는다. 삶은 달걀은 바로 찬물에 식혀 껍데기를 벗긴다.

2 **조림장 끓이기** 냄비에 조림장 재료를 모두 담아 중간 불에서 끓인다.

3 **달걀 조리기** 조림장이 끓으면 삶은 달걀을 넣고 간이 배도록 약한 불에서 조린다.

4 **그릇에 담기** 달걀흰자가 갈색으로 변하면 불을 끄고 국물과 함께 그릇에 담는다.

 달걀 대신 메추리알로 조림을 해도 맛있다. 메추리알은 조림장에 우르르 끓이는 정도로만
조려야 너무 짜지지 않고 간이 맞는다.

토마토 달걀볶음

달걀과 토마토만으로 만드는 일본식 달걀 반찬. 상큼하고 부드러워 아이들이 좋아하는 음식이다.
달걀과 토마토를 센 불에서 재빨리 한 덩어리로 익혀내는 게 포인트.

1

2

3

재료(2인분)

완숙 토마토 1개
달걀 3개
소금 조금
후춧가루 조금
올리브오일 적당량

1 **달걀 풀어 체에 내리기** 달걀을 곱게 풀어 체에 한 번 내린다.

2 **토마토 썰기** 토마토는 방사형으로 8~12등분한다. 세로로 반 자른 뒤 웨
  지 모양으로 썰면 된다.

3 **달걀 익히기** 달군 팬에 기름을 넉넉히 두르고 체에 내린 달걀을 부어 젓
  가락으로 저어가며 살짝 익힌다.

4 **토마토 넣기** ③에 토마토를 넣고 뒤섞어 한 덩어리로 만든다.

5 **간하기** 마지막에 소금과 후춧가루를 뿌려 간한다.

 토마토 대신 파프리카나 주키니 호박 등을 넣고 함께 볶아도 좋다. 밥반찬이지만, 식사 대용으로
준비해도 좋다.

반숙 달걀장

반숙 달걀로 만드는 일본식 달걀 장조림. 달걀을 삶을 때는 얼마나 익었는지 보이지 않기 때문에 시간을 재면서 삶는 것이 중요하다. 달걀노른자가 말랑말랑하게 익을 정도로만 삶는다.

1

3

4

재료(2인분)	**조림장**
달걀 5개	마른 표고버섯 1개
식초 1큰술	양파 1/6개
소금 1작은술	대파 1뿌리
	마늘 2쪽
	간장 1/2컵
	설탕·맛술 2큰술씩
	물 1컵

1 **달걀 삶기** 냄비에 달걀을 담고 물을 부은 뒤 식초와 소금을 조금 넣고 9분 정도 반숙으로 삶는다. 삶은 달걀은 바로 찬물에 식혀 껍데기를 벗긴다.

2 **채소 손질하기** 양파는 큼직하게 썰고, 대파는 3등분한다. 말린 표고버섯 은 젖은 행주로 깨끗이 닦는다.

3 **조림장 만들기** 냄비에 손질한 마늘과 양파, 대파, 말린 표고버섯, 간장, 설탕, 맛술, 물을 넣고 약한 불에서 10분 정도 끓인 뒤 체에 거른다.

4 **조림장에 담가두기** 삶은 달걀을 조림장에 3~4시간 정도 담가두어 간이 배도록 한다.

tip 주로 일본 라면 위에 올려 먹는 반숙 달걀장은 밥반찬으로 준비하거나 우동, 비빔밥 등의 고명으로 올리면 좋다.

온천 달걀

흰자는 살짝 덜 익고 노른자는 젤리처럼 익은 부드러운 달걀이다. 밥이나 죽에 곁들여 먹기 좋다.
온천 달걀은 삶는 시간과 물의 온도를 잘 맞추는 게 중요하다.

2

3

4

재료(2인분)

달걀 2개
식초 1큰술
소금 1작은술
다진 실파 조금

소스

쯔유 간장 2큰술
물 1/2컵

1 **물 끓이기** 냄비에 달걀이 잠길 정도의 물을 붓고 식초와 소금을 넣어 끓인다.

2 **달걀 삶기** 물이 끓어오르면 달걀을 넣고 불을 끈다. 15분 정도 두었다가 건져내 찬물에 5분 정도 담가둔다.

3 **소스 만들기** 쯔유 간장에 물을 섞어 소스를 만든다.

4 **그릇에 담기** 그릇에 삶은 달걀을 깨뜨려 담고 소스를 부은 뒤 다진 실파를 뿌린다.

tip 쯔유는 다시마, 가다랑어포 등으로 맛을 낸 일본식 맛간장으로, 튀김간장이나 메밀국수, 덮밥 등에 다양하게 이용된다.

베이크드 에그 & 빈스

알알이 씹히는 콩과 부드럽게 익은 달걀이 조화를 이뤄 색다른 맛을 느낄 수 있다.
간단한 재료로 완성하는 근사한 요리다.

2

3

4

재료(2인분)

달걀 2개
베이크드 빈스 통조림 1/2캔(200g)
소금 조금
후춧가루 조금
버터 조금

1 **오븐 예열하기** 오븐을 190℃로 예열한다.

2 **그릇에 버터 바르기** 오븐용 내열 그릇에 버터를 골고루 바른다.

3 **베이크드 빈스 데우기** 냄비에 베이크드 빈스를 넣고 약한 불에서 저어가
　며 살짝 데운다.

4 **내열 그릇에 달걀 담기** 버터 바른 그릇에 데운 베이크드 빈스를 담고 달
　걀을 깨뜨려 올린 다음 소금과 후춧가루를 뿌린다.

5 **오븐에 굽기** 오븐 팬에 물을 담고 ④의 그릇을 올려 190℃의 오븐에 10분
　정도 굽는다.

tip 베이크드 빈스 통조림 대신 완두콩 통조림이나 옥수수 통조림을 넣어도 된다.

달걀국

끓는 물에 달걀을 풀어 넣고 재빨리 끓여내는 스피드 국. 냉장고가 비었거나 별다른 국거리가
생각나지 않을 때 간편하게 준비할 수 있다.

1

2

4

재료(2인분)

달걀 2개
실파 4뿌리
국간장 1작은술
소금 1작은술
후춧가루 조금
참기름 1/2작은술

멸치다시마국물

굵은 멸치 10마리
다시마(5×5cm) 1장
물 2 ½컵

1 **국물 내기** 냄비에 물을 붓고 굵은 멸치와 다시마를 넣어 끓인다. 끓어오
르면 다시마를 건져내고 15분 정도 더 끓인 뒤 불을 끄고 멸치를 건진다.

2 **달걀 풀기** 달걀은 곱게 풀어 체에 한 번 내린다.

3 **실파 썰기** 실파는 다듬어서 송송 썬다.

4 **달걀 넣어 끓이기** 멸치다시마국물에 실파와 국간장, 소금을 넣어 간을
맞추고 체에 내린 달걀을 조금씩 흘려 넣어가며 끓인다.

5 **참기름·후춧가루 넣기** 끓어오르면 불을 끄고 참기름과 후춧가루를 넣는다.

tip 달걀물을 조금씩 부어가며 끓여야 부드럽게 익는다. 마지막에 구운 김을 부숴 넣어도 맛있다.

얼큰 달걀찌개

달걀과 비엔나소시지만 넣고 매콤하게 끓인 찌개. 별다른 재료 없이도 특별한 찌개를 즐길 수 있다.
얼큰한 국물과 달걀의 조화가 일품이다. 술안주로 내놓기에도 좋다.

1

2

6

재료(2인분)

달걀 3개
비엔나소시지 15개
다진 마늘 1큰술
고춧가루 2큰술
까나리액젓 1큰술
간장 1/2큰술
생강즙 1/2작은술
참기름 1큰술
풋고추·붉은 고추 1/2개씩
대파 조금

맛국물

치킨스톡 1/2개
물 2컵

1 **비엔나소시지 데치기** 비엔나소시지는 칼집을 넣어 끓는 물에 데친다.

2 **양념장 만들기** 다진 마늘, 고춧가루, 액젓, 간장, 생강즙, 참기름을 골고루 섞어 양념장을 만든다.

3 **고추·대파 썰기** 고추와 대파는 어슷하게 썬다.

4 **맛국물에 양념장 넣어 끓이기** 냄비에 물과 치킨스톡을 넣어 끓이다가 비엔나소시지와 양념장을 넣어 팔팔 끓인다.

5 **달걀 풀어 넣기** 찌개가 끓으면 달걀을 깨뜨려 넣고 휘젓지 않은 상태로 끓인다.

6 **고추·대파 넣기** 달걀이 반 정도 익으면 고추와 대파를 넣고 불을 끈다.

 비엔나소시지는 칼집을 3~4번 넣어주어야 맛이 잘 밴다. 까나리액젓이 없다면 멸치액젓으로 대신해도 된다.

중국식 해물달걀탕

걸쭉하면서도 진한 국물이 특징인 중국식 해물달걀탕. 반찬은 물론 간단한 술안주로도 환영받는다.
청양고추를 넣어 칼칼한 맛을 더해도 좋다.

1·2

5

6

재료(2인분)

달걀흰자 2개
게맛살 50g
칵테일 새우 10개
표고버섯 1개
대파 1/2뿌리
생강 1/2개
청주 1큰술
녹말물 2큰술
(녹말가루 1큰술, 물 2큰술)
참기름 1작은술
식용유 1큰술

맛국물

치킨스톡 1개
굴소스 1작은술
물 3컵

1 **게맛살·새우 준비하기** 게맛살은 잘게 찢고, 칵테일 새우는 해동한다.

2 **채소 썰기** 생강은 저며 썰고, 대파는 어슷하게 썬다. 표고버섯은 기둥을
떼어 모양대로 얇게 썬다.

3 **맛국물 만들기** 냄비에 물을 붓고 치킨스톡과 굴소스를 넣어 팔팔 끓인다.

4 **재료 볶기** 달군 팬에 기름을 두르고 생강과 대파를 볶아 향을 낸 뒤 게
맛살, 새우, 표고버섯 순서로 넣어가며 살짝 볶는다.

5 **맛국물에 재료 넣어 끓이기** 맛국물에 청주와 볶은 재료를 모두 넣고 끓인
다. 국이 끓으면 달걀흰자를 풀어 넣는다.

6 **녹말물 넣기** 녹말가루 1큰술에 물 2큰술을 섞어 끓는 국물에 흘려가며
넣고 참기름으로 마무리한다.

tip 뜨거운 국물에 녹말물을 넣으면 덩어리째 익어버리기 쉽다. 냄비 가장자리로 조금씩 흘려넣으면
서 잘 저어줘야 한다.

에그 카레

건강에 좋다는 카레는 만들기도 쉬워 누구나 즐겨 먹는다. 카레를 끓일 때 달걀을 풀어 넣으면 맛이 부드럽고 진해진다. 다양한 채소를 넣어 맛과 모양을 살렸다.

2

3

5

재료(2인분)

고형 카레 50g
달걀 2개
양파 1개
파프리카 1/2개
주키니 호박 5cm
식용유 적당량
물 3컵

1 **달걀 풀어 체에 내리기** 달걀을 곱게 풀어 체에 한 번 내린다.

2 **채소 썰기** 양파는 곱게 다지고, 파프리카와 호박은 사방 1cm 크기로 네모지게 썬다.

3 **채소 볶기** 달군 팬에 기름을 두르고 양파를 넣어 갈색이 나도록 볶다가 파프리카와 호박을 넣어 볶는다.

4 **카레 끓이기** ③에 물을 붓고 카레를 넣어 푼다.

5 **달걀 섞어 끓이기** 카레가 끓어오르면 체에 내린 달걀을 넣고 저어가며 한소끔 끓인다.

 재료를 볶을 때 고추기름을 조금 넣으면 칼칼한 맛을 더할 수 있다. 완성된 카레는 튀김에 소스로 곁들여도 잘 어울린다.

달걀쌈

달걀을 얇게 부쳐 지단을 만든 다음 닭가슴살과 파프리카, 양배추, 오이를 채 썰어 함께 낸다.
고소한 달걀쌈 속에서 아삭아삭 씹히는 채소의 맛이 좋다.

1

2

3

재료(2인분)

달걀 3개
닭가슴살 50g
오이 1/2개
적양배추 잎 3장
파프리카 1/2개
무순 조금
소금 적당량
식용유 적당량

월남쌈 소스

다진 마늘 1작은술
피시소스 1큰술
스위트 칠리소스 2큰술
레몬즙 1큰술
다진 붉은 고추 조금

1 달걀 풀어 체에 내리기 달걀은 흰자와 노른자를 분리해 각각 소금으로
간하여 곱게 푼 뒤 체에 한 번 내린다.

2 달걀지단 부치기 약한 불로 달군 팬에 기름을 두르고 종이타월로 한 번
닦아낸 다음, 달걀물을 숟가락으로 떠 올려 지름 6cm 정도로 동그랗게
부친다.

3 채소 준비하기 오이는 5cm 길이로 잘라 돌려 깎은 뒤 채 썬다. 적양배추
와 파프리카도 곱게 채 썬다.

4 닭가슴살 삶아 찢기 닭가슴살은 끓는 물에 삶아 건진다. 식으면 손으로
먹기 좋게 찢어둔다.

5 월남쌈 소스 만들기 소스 재료를 고루 섞는다.

6 그릇에 담기 달걀지단과 준비한 재료를 그릇에 가지런히 담고 소스를
곁들여 낸다.

달걀흰자는 달걀노른자에 비해 탄력이 적어 지단을 부칠 때 찢어지기 쉽다. 녹말가루를 조금 섞
으면 탄력이 생긴다.

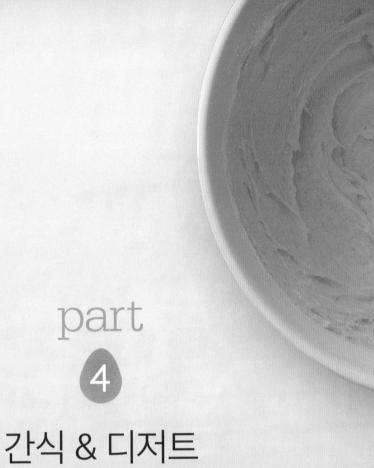

part

4

간식 & 디저트

부드러운 맛이 특징인 달걀을 활용하면 달콤한 케이크부터
빵, 푸딩, 쿠키, 음료 등에 이르기까지 다양한 간식과 디저트를 만들 수 있다.
식사 후 입가심으로,
출출한 오후 간식으로, 가벼운 식사 대용으로 좋다.

스터프드 에그

삶은 달걀만 있으면 누구나 뚝딱 만들 수 있는 멋진 애피타이저다. 달걀노른자가 정확히 가운데에 오도록 삶아야 흰자 틀이 고른 모양이 난다.

1

3

4

재료(2인분)

달걀 5개
마요네즈 2큰술
디종 머스터드 1작은술
설탕 1작은술
소금 1/4작은술
후춧가루 조금
케이엔 페퍼 가루 조금
민트 조금

1 **달걀 삶기** 냄비에 달걀을 넣고 물을 부어 16분 정도 삶는다. 중간중간 달걀을 굴려서 노른자가 한쪽으로 치우치지 않도록 한다. 삶은 달걀은 바로 찬물에 식혀 껍데기를 벗긴다.

2 **달걀노른자 빼기** 삶은 달걀을 정확히 반 잘라 노른자만 빼고 흰자는 따로 둔다.

3 **속재료 만들기** 달걀노른자를 체에 내려 곱게 으깬 뒤 마요네즈, 디종 머스터드, 설탕, 소금, 후춧가루를 넣어 골고루 섞는다.

4 **짤주머니에 담아 짜기** ③을 짤주머니에 담아 준비한 달걀흰자 속에 예쁘게 짜 넣는다.

5 **장식하기** 민트와 케이엔 페퍼 가루로 장식한다.

tip 바닥에 닿는 달걀흰자의 아래쪽을 살짝 잘라내면 잘 세워져서 접시에 담기 편하다.

에그 카나페

빵이나 크래커 위에 여러 가지 재료를 올려 만드는 대표적인 핑거 푸드. 냉장고에 있는 재료로 다양하게 활용할 수 있다.

1

2

3

재료(2인분)

바게트 또는 식빵 적당량
달걀 2개
슬라이스 햄 1장
올리브 5개
래디시 2개
오이피클 조금
마요네즈 조금

1 **달걀 삶기** 냄비에 달걀을 넣고 물을 부어 16분 정도 삶는다. 삶은 달걀은 바로 찬물에 식혀 껍데기를 벗긴다.

2 **빵 잘라 굽기** 바게트나 식빵을 한입 크기로 잘라 기름을 두르지 않은 팬이나 오븐에 살짝 굽는다.

3 **재료 썰기** 삶은 달걀과 올리브는 얇게 저며 썰고, 햄은 가로세로 2.5cm로 네모지게 썬다. 래디시는 곱게 채 썰고 오이피클은 다진다.

4 **빵에 재료 올리기** 구운 빵 위에 마요네즈를 살짝 펴 바르고 삶은 달걀, 햄, 올리브, 다진 오이피클, 채 썬 래디시를 올린다.

 카나페 위에 허브를 올려 장식하면 맛과 모양을 살릴 수 있다. 마요네즈 대신 크림치즈나 버터를 발라도 좋다.

반숙 카스텔라

폭신폭신 부드럽고 촉촉한 카스텔라는 누구나 좋아하는 인기 케이크이지만 은근히 만들기가
까다롭다. 방법은 쉽고 맛은 더 촉촉한 반숙 카스텔라에 도전해보자. 생각보다 어렵지 않다.

재료(지름 12cm 1개분)
달걀 1개
달걀노른자 3개
박력분 30g
설탕 30g
꿀 1큰술
바닐라에센스 1작은술
소금 1/3작은술

1 **오븐 예열하기** 오븐을 180℃로 예열한다.

2 **달걀 풀기** 미리 실온에 꺼내둔 달걀과 달걀노른자를 곱게 풀어 설탕과
   소금을 넣고 섞는다.

3 **달걀물 중탕하기** ②의 달걀물을 볼에 담아 끓는 물 위에 올린 채 핸드믹
   서로 섞는다.

4 **거품 내기** 핸드믹서를 빠른 속도로 10분 돌린 뒤 중간 속도로 3분, 느린
   속도로 1~2분 정도 돌려 거품을 낸다. 거품은 구멍이 안 보일 정도로 촘
   촘하고, 모양이 단단하게 유지되어야 한다.

5 **반죽하기** ④의 거품에 박력분과 꿀, 바닐라에센스를 넣어 가볍게 섞는다.

6 **그릇에 담아 굽기** 카스텔라 틀에 유산지를 깔고 반죽을 부어 180℃의 오
   븐에 13~15분간 굽는다.

 반죽 마지막 단계에서 실온에 녹인 버터와 우유를 1큰술 정도 넣어도 좋다. 버터가 들어가면 카
스텔라가 훨씬 촉촉해진다.

오믈렛 수플레

우리나라의 달걀찜을 연상시키는 프랑스 전통 달걀요리. 수플레는 프랑스어로 '부풀다'는 뜻이다.
달걀찜보다 가볍고 부드러운 맛이 특징으로 달걀을 충분히 거품 내는 것이 중요하다.

2

3

4

재료(2인분)

달걀 4개
설탕 1큰술
버터 1 ½큰술
슈거파우더 조금
메이플시럽 적당량

1 **오븐 예열하기** 오븐을 180℃로 예열한다.

2 **달걀 분리하기** 달걀의 흰자와 노른자를 분리한다.

3 **달걀노른자·설탕 섞기** 달걀노른자에 설탕을 넣고 연한 노란색이 될 때까
지 거품기로 충분히 섞는다.

4 **달걀흰자 거품내기** 달걀흰자를 큰 볼에 담고 핸드믹서로 저어 단단한 거
품을 낸다.

5 **반죽하기** 거품 낸 달걀흰자에 ③의 달걀노른자를 넣고 주걱으로 재빨리
섞는다. 거품이 가라앉을 수 있으니 너무 오래 휘젓지 않는다.

6 **반죽 데우기** 오븐 겸용 팬에 버터를 녹인 다음 반죽을 붓고 약한 불에서
2분 정도 천천히 저어가며 데운다.

7 **오븐에 굽기** ⑥를 180℃의 오븐에 넣고 10분 정도 굽는다. 윗면이 연한
갈색으로 변하면 꺼내어 슈거파우더를 뿌리고 메이플시럽을 곁들인다.

tip 무쇠로 만든 팬이나 냄비를 활용하면 좋다. 오븐과 가스레인지에 모두 사용할 수 있어 편리하다.

스카치 에그

깜찍한 모양의 색다른 영국식 달걀요리. 삶은 달걀에 고기 반죽옷을 입혀 튀겨내는 별미 요리다.
달걀 대신 메추리알을 넣어 미니 스카치 에그를 만들어도 좋다.

1

2

3

5

재료(2인분)	고기 양념	튀김옷
달걀 4개	달걀노른자 1개	빵가루 1컵
다진 쇠고기 200g	소금 1/2작은술	밀가루 3큰술
식용유 적당량	너트멕 가루 조금	달걀물 1개분
	후춧가루 조금	

1 **달걀 삶기** 달걀을 냄비에 담고 달걀이 잠길 정도로 물을 부어 9분 정도
　 삶는다. 삶은 달걀은 바로 찬물에 식혀 껍데기를 벗긴다.

2 **쇠고기 양념하기** 다진 쇠고기에 고기 양념을 모두 넣고 끈기가 생길 때
　 까지 충분히 주무른다.

3 **고기옷 입히기** 양념한 쇠고기를 얇게 펼쳐놓은 다음, 삶은 달걀에 밀가
　 루를 입혀 가운데에 올린다. 쇠고기로 감싸서 손으로 꼭꼭 주물러 매끈
　 하게 옷을 입힌다.

4 **튀김옷 입히기** ③에 밀가루, 달걀물, 빵가루 순서로 튀김옷을 입힌다.

5 **기름에 튀기기** 170℃의 기름에 넣어 고기가 잘 익을 정도로 튀긴다.

 냉장고에서 막 꺼낸 달걀은 실온에 두었다 삶는다. 바로 삶으면 온도 차이 때문에 달걀이 깨질
　 수 있기 때문이다.

달걀 크로켓

삶은 달걀과 감자를 섞은 다음 빵가루와 달걀옷을 입혀 기름에 튀겼다. 크로켓을 빚을 때는 손으로
꼭꼭 눌러야 튀기는 도중이나 튀긴 후에 갈라지지 않는다.

2

3

4

5

재료(2인분)	튀김옷
달걀 3개	밀가루 2큰술
감자 2개	달걀물 1/2개분
버터 1큰술	빵가루 1/2컵
우유 2큰술	파슬리가루 조금
카레가루 1작은술	
소금·후춧가루 조금씩	
식용유 적당량	

1 **달걀 삶아 으깨기** 냄비에 달걀을 넣고 물을 부어 16분 정도 완숙으로 삶
   은 뒤 껍데기를 벗기고 으깬다.

2 **감자 삶아 으깨기** 감자는 껍질을 벗기고 반 잘라 끓는 물에 소금으로 간
   하여 푹 삶는다. 뜨거울 때 버터를 넣고 으깬다.

3 **재료 섞기** 으깬 달걀에 으깬 감자와 우유, 카레가루, 소금, 후춧가루를
   넣고 골고루 섞는다.

4 **모양 빚기** ③을 조금씩 덜어 손으로 꼭꼭 눌러가며 둥글게 빚는다.

5 **튀김옷 입히기** ④에 밀가루, 달걀물, 빵가루, 파슬리가루 순서대로 튀김
   옷을 입힌다.

6 **기름에 튀기기** 튀김옷 입힌 크로켓을 190~200℃의 기름에 노릇하게 튀
   긴다. 체에 밭쳐 기름을 쏙 뺀다.

 시중에서 판매하는 빵가루는 수분이 없고 말라 있어서 그대로 사용하면 겉만 타기 쉽다. 분무기
로 물을 살짝 뿌려 눅눅하게 만들어 쓰면 좋다.

에그 파르메산 치즈 셸

반숙으로 삶은 달걀에 파르메산 치즈가루를 입혀 깔끔하게 튀겼다. 젤리처럼 말캉하게 익은
달걀노른자는 그냥 먹어도 좋지만 빵이나 그리시니를 찍어 먹으면 더욱 맛있다.

1

3

4

재료(2인분)

달걀 4개
식용유 적당량

튀김옷

밀가루 조금
달걀물 1개분
빵가루 1/2컵
파르메산 치즈가루 1/3컵

1 **달걀 삶기** 냄비에 달걀을 담고 물을 부어 9분 정도 반숙으로 삶는다. 삶은 달걀은 바로 찬물에 식혀 껍데기를 벗긴다.

2 **튀김옷 만들기** 빵가루에 파르메산 치즈가루를 섞는다.

3 **튀김옷 입히기** 삶은 달걀에 밀가루, 달걀물, ②의 빵가루 순서대로 튀김옷을 꼼꼼하게 입힌다.

4 **기름에 튀기기** 튀김옷 입힌 달걀을 180℃의 기름에 넣어 겉이 노릇해지도록 튀긴다.

5 **그릇에 담기** 튀긴 달걀을 에그 컵에 담거나, 바닥 쪽을 살짝 잘라내 그릇에 세워 담는다.

tip 달걀에 튀김옷을 골고루 입혀서 꼭꼭 눌러줘야 튀길 때 옷이 벗겨지지 않고 깔끔하다.

에그 타르트

맛도 좋고 모양도 깜찍한 에그 타르트는 모두에게 사랑받는 인기 디저트다.
구울 때 커스터드 크림을 너무 많이 채우면 넘쳐흐를 수 있으니 틀의 85% 이상은 담지 않는다.

2

3

4

7

재료(2인분)

미니 타르트지 6개
달걀노른자 2개
박력분 10g
녹말가루 10g
설탕 80g
우유 1 ½컵
바닐라 빈 1/2개

1 **오븐 예열하기** 오븐을 180℃로 예열한다.

2 **우유 데우기** 냄비에 우유와 바닐라 빈, 설탕 40g을 넣고 중간 불로 데운
다. 가장자리가 살짝 끓기 시작하면 불을 끄고 바닐라 빈을 건진다.

3 **달걀노른자·설탕 섞기** 달걀노른자를 풀어 1작은술 정도만 남기고, 남은
설탕 40g을 넣어 연한 노란색이 될 때까지 거품기로 섞는다.

4 **데운 우유 섞기** ③의 달걀노른자에 ②의 우유를 조금씩 부어가며, 달걀
노른자가 익지 않도록 재빠르게 섞는다.

5 **커스터드 크림 만들기** ④를 냄비에 담고 약한 불에서 천천히 저어가며 끓
이다가, 체에 내린 박력분과 녹말가루를 넣고 거품기로 재빨리 섞는다.
저어가며 2분 정도 끓여 농도가 조금 걸쭉해지면 불에서 내린다.

6 **얼음물에 식히기** 완성된 커스터드 크림을 그릇에 담아 얼음물 위에 올려
식힌다.

7 **오븐에 굽기** 타르트지에 남겨둔 달걀노른자를 얇게 바르고 커스터드 크
림을 채워 180℃의 오븐에 10분 정도 굽는다.

 타르트지는 만들어 쓰기도 하지만 베이킹 재료 전문점에서 팔기도 한다. 만들어진 것을 구입하
면 한결 편리하다.

달걀 머핀

겨울철 거리에서 쉽게 눈에 띄는 계란빵을 집에서 간단히 만들어보자. 빵 하나에 달걀을 하나씩 넣고 구우면 된다. 우유 한 잔과 함께 아이들 간식으로 준비하면 좋다.

2

3

4

재료(2인분)	반죽
달걀 4개	달걀 1개
버터 조금	핫케이크 가루 200g
소금 조금	우유 1컵

1 **오븐 예열하기** 오븐을 180℃로 예열한다.

2 **반죽하기** 핫케이크 가루를 체에 한 번 내린 뒤 곱게 푼 달걀에 넣고 우유를 부어 덩어리지지 않도록 거품기로 골고루 섞는다.

3 **머핀 틀에 반죽 담기** 머핀 틀에 버터를 골고루 바르고 반죽을 50~60% 정도만 채워 담는다.

4 **달걀 올리기** ③의 반죽 위에 달걀을 1개씩 깨뜨려 올리고 소금을 살짝 뿌린다.

5 **오븐에 굽기** 180℃의 오븐에 25~30분 정도 굽는다.

tip 머핀 틀에 반죽을 가득 채우면 나중에 부풀어 넘치기 쉽다. 50~60% 정도만 채우는 것이 적당하다.

에그 푸딩

생크림, 우유, 달걀이 어우러진 에그 푸딩은 보들보들 달콤한 맛이 일품이다. 작은 푸딩 병에 담아 만들면 맛도 좋고 모양도 예뻐 선물하기 좋다.

재료(2인분)

달걀 1개
달걀노른자 3개
설탕 80g
우유 1컵
생크림 1컵
바닐라에센스 1/2작은술
메이플시럽 적당량

1 **오븐 예열하기** 오븐을 170℃로 예열한다.

2 **달걀·설탕 섞기** 달걀과 달걀노른자를 곱게 푼 뒤 설탕을 넣고 완전히 녹을 때까지 섞는다.

3 **달걀물 만들기** ②의 달걀에 우유와 생크림, 바닐라에센스를 넣어 골고루 섞는다.

4 **그릇에 담기** 푸딩 그릇에 달걀물을 나눠 담고 알루미늄 포일이나 종이 포일로 뚜껑을 만들어 덮는다.

5 **오븐에 중탕으로 굽기** 오븐 팬에 물을 조금 담고 푸딩 그릇을 올려 170℃의 오븐에 25~30분 정도 굽는다.

6 **시럽 곁들이기** 오븐에서 꺼내 메이플시럽을 곁들여 낸다.

tip 캐러멜 시럽이나 과일 시럽도 잘 어울린다. 취향에 맞는 시럽을 곁들여 즐긴다.

일 플로당트

'떠다니는 섬'이라는 뜻을 지닌 프랑스 디저트. 바닐라 크림 위에 띄운 머랭이 마치 바다 위를 떠다니는 섬 같아 이름 붙여졌다. 바닐라 크림의 농도가 너무 되직하지 않도록 주의한다.

재료(2인분)
달걀흰자 4개분
소금 1/2작은술
설탕 1큰술
아몬드 슬라이스 1작은술
냉동 산딸기 조금
민트 조금

바닐라 크림
달걀노른자 2개
설탕 1/4컵
녹말가루 1/2작은술
바닐라에센스 1/2작은술
우유 60mL

1 **오븐 예열하기** 오븐을 120℃로 예열한다.

2 **달걀노른자·설탕 섞기** 달걀노른자를 푼 뒤 설탕, 녹말가루, 바닐라에센스를 넣어 골고루 섞는다.

3 **바닐라 크림 만들기** 냄비에 우유를 담아 데운다. 가장자리가 끓기 시작하면 ②의 달걀노른자를 조금씩 넣어가며 젓는다. 약한 불에서 서서히 데워 걸쭉해지기 시작하면 불을 끄고 식힌다.

4 **달걀흰자 거품 내기** 큰 볼에 달걀흰자를 담고 핸드믹서를 빠른 속도로 돌려 거품을 낸다. 거품이 어느 정도 생기면 설탕과 소금을 넣고 더 돌려 단단한 거품을 만든다.

5 **오븐에 굽기** 단단한 거품을 숟가락으로 큼직하게 떠서 오븐 팬에 올려 120℃의 오븐에 15~20분 정도 굽는다.

6 **그릇에 담기** 그릇에 바닐라 크림을 담고 ⑤의 머랭을 올린 뒤, 아몬드 슬라이스를 뿌리고 냉동 산딸기와 민트를 올린다.

 거품기로 들어올려 보아 떨어지지 않고 단단히 붙어 있는 정도가 될 때까지 충분히 거품을 낸다.

계란과자

달걀과 버터로만 맛을 낸 동그란 추억의 과자. 휘리릭 반죽해 오븐에 구워내면 완성이다.
재료도 간단하고 맛내기도 아주 쉬워 누구나 성공할 수 있다.

2

4

6

재료(2인분)

밀가루 80g
베이킹파우더 5g
달걀 1개
달걀노른자 1개
설탕 40g
버터 40g
식용유 30mL

1 **오븐 예열하기** 오븐을 180℃로 예열한다.

2 **가루 재료 체에 내리기** 밀가루와 베이킹파우더를 체에 내린다.

3 **달걀·설탕 섞기** 달걀과 달걀노른자를 곱게 푼 뒤 설탕을 넣어 섞는다.

4 **버터 풀기** 실온에 미리 꺼내둔 버터를 거품기로 풀어 녹인 뒤 식용유와
　③의 달걀을 넣어 섞는다.

5 **반죽하기** ④에 체에 내린 가루 재료를 넣고 골고루 섞어 반죽한다.

6 **짤주머니로 모양 짜기** 반죽을 짤주머니에 담아 오븐 팬 위에 지름 2cm
　크기로 동그랗게 짠다.

7 **오븐에 굽기** ⑥의 팬을 180℃의 오븐에 넣어 10분 정도 굽는다.

tip 짤주머니가 없을 땐 숟가락으로 떠서 오븐 팬 위에 동글납작하게 올린다.

에그노그

에그노그는 미국에서 추운 크리스마스 시즌에 즐겨 마시는 따뜻한 달걀 음료다. 위스키나 브랜디 같은 알코올을 섞어 마시기도 하고, 때론 냉장고에 넣어 차갑게 즐기기도 한다.

1

2

4

재료(2인분)

우유 2컵
계피 1개
정향 4개
연유 4큰술
달걀노른자 4개
설탕 5큰술
바닐라에센스 1작은술
너트멕 가루 조금

1 **우유 데우기** 냄비에 우유와 계피, 정향, 연유를 넣어 약한 불에서 5분 정도 데운 다음 향이 우러나면 체에 거른다.

2 **달걀노른자 풀기** 달걀노른자에 설탕, 바닐라에센스를 넣고 연한 노란색이 될 때까지 거품기로 섞는다.

3 **에그노그 끓이기** 약한 불에 ①의 우유를 올리고 ②의 달걀노른자를 조금씩 넣어 거품기로 저어가며 끓인다. 달걀노른자가 익어서 뭉치지 않도록 잘 섞는다.

4 **너트멕 가루 넣기** 불을 끄고 너트멕 가루를 넣어 섞은 뒤 컵에 담는다.

tip 우유를 데울 때는 끓어 넘치거나 냄비에 눌어붙지 않도록 약한 불에서 서서히 데운다.

• 요리

그대로 따라 하면 엄마가 해주시던 바로 그 맛

한복선의 엄마의 밥상

일상 반찬, 찌개와 국, 별미 요리, 한 그릇 요리, 김치 등 웬만한 요리 레시피는 다 들어있어 기본 요리 실력 다지기부터 매일 밥상 차리기까지 이 책 한 권이면 충분하다. 누구든지 그대로 따라 하기만 하면 엄마가 해주시던 바로 그 맛을 낼 수 있다.

한복선 지음 | 312쪽 | 188×245mm | 16,800원

영양학 전문가의 맞춤 당뇨식

최고의 당뇨 밥상

영양학 전문가들이 상담을 통해 쌓은 데이터를 기반으로 당뇨 환자들이 가장 맛있게 먹으며 당뇨 관리에 성공한 메뉴를 추렸다. 한 상 차림부터 한 그릇 요리, 브런치, 샐러드와 당뇨 맞춤 음료, 도시락 등으로 구성해 매일 활용할 수 있으며, 조리법도 간단하다.

어메이징푸드 지음 | 256쪽 | 188×245mm | 16,000원

맛있는 밥을 간편하게 즐기고 싶다면

뚝딱 한 그릇, 밥

덮밥, 볶음밥, 비빔밥, 솥밥 등 별다른 반찬 없이도 맛있게 먹을 수 있는 한 그릇 밥 76가지를 소개한다. 한식부터 외국 음식까지 메뉴가 풍성해 혼밥으로 별식으로, 도시락으로 다양하게 즐길 수 있다. 레시피가 쉽고, 밥 짓기 등 기본 조리법과 알찬 정보도 가득하다.

장연정 지음 | 216쪽 | 188×245mm | 14,000원

영양학 전문가가 알려주는 저염·저칼륨 식사법

콩팥병을 이기는 매일 밥상

콩팥병은 한번 시작되면 점점 나빠지는 특징이 있어 무엇보다 식사 관리가 중요하다. 영양학 박사와 임상 영상사들이 저염식을 기본으로 단백질, 인, 칼륨 등을 줄인 콩팥병 맞춤 요리를 준비했다. 간편하고 맛도 좋아 환자와 가족 모두 걱정 없이 즐길 수 있다.

어메이징푸드 지음 | 248쪽 | 188×245mm | 18,000원

입맛 없을 때, 간단하고 맛있는 한 끼

뚝딱 한 그릇, 국수

비빔국수, 국물국수, 볶음국수 등 입맛 살리는 국수 63가지를 담았다. 김치비빔국수, 칼국수 등 누구나 좋아하는 우리 국수부터 파스타, 미고랭 등 색다른 외국 국수까지 메뉴가 다양하다. 국수 삶기, 국물 내기 등 기본 조리법과 함께 먹으면 맛있는 밑반찬도 알려준다.

장연정 지음 | 200쪽 | 188×245mm | 14,000원

건강을 담은 한 그릇

맛있다, 죽

맛있고 먹기 좋은 죽을 아침 죽, 영양죽, 다이어트 죽, 양죽으로 나눠 소개한다. 만들기 쉬울 뿐 아니라 조류가 다양하고 재료의 영양과 효능까지 알려줘 건강관리에 도움이 된다. 스트레스에 시달리는 현대인의 식사로, 건강식으로 준비하면 좋다.

한복선 지음 | 176쪽 | 188×245mm | 16,000원

먹을수록 건강해진다!

나물로 차리는 건강밥상

생나물, 무침나물, 볶음나물 등 나물 레시피 107가지를 소개한다. 기본 나물부터 토속 나물까지 다양한 나물반찬과 비빔밥, 김밥, 파스타 등 나물로 만드는 별미요리를 담았다. 메뉴마다 영양과 효능을 소개하고, 월별 제철 나물, 나물요리의 기본요령도 알려준다.

리스컴 편집부 | 160쪽 | 188×245mm | 12,000원

천연 효모가 살아있는 건강 빵

천연발효빵

맛있고 몸에 좋은 천연발효빵. 홈 베이킹을 넘어 건강한 빵을 찾는 웰빙족을 위해 과일, 채소, 곡물 등으로 만드는 천연발효종 20가지와 천연발효종으로 굽는 건강빵 레시피 62가지를 담았다. 천연발효빵 만드는 과정이 한눈에 들어오도록 구성되었다.

고상진 지음 | 328쪽 | 188×245mm | 19,800원

후다닥 쌤의

후다닥 간편 요리

구독자 수 37만 명의 유튜브 '후다닥요리'의 인기 집밥 103가지를 소개한다. 국·찌개, 반찬, 김치, 한 그릇 밥·국수, 별식과 간식까지 메뉴가 다양하다. 저자가 애용하는 양념, 조리도구, 조리 비법을 알려주고, 모든 메뉴에 QR 코드를 수록해 동영상도 볼 수 있다.

김연정 지음 | 248쪽 | 188×245mm | 16,000원

정말 쉽고 맛있는 베이킹 레시피 54

나의 첫 베이킹 수업

기본 빵부터 쿠키, 케이크까지 초보자를 위한 베이킹 레시피 54가지. 바삭한 쿠키와 담백한 스콘, 다양한 머핀과 파운드케이크, 폼 나는 케이크와 타르트, 누구나 좋아하는 인기 빵까지 모두 담겨있다. 베이킹을 처음 시작하는 사람에게 안성맞춤이다.

고상진 지음 | 216쪽 | 188×245mm | 16,800원

• 취미 | 인테리어

우리 집을 넓고 예쁘게
공간 디자인의 기술
집 안을 예쁘고 효율적으로 꾸미는 방법을 인테리어의
핵심인 배치, 수납, 장식으로 나눠 알려준다. 포인트를
콕콕 짚어주고 알기 쉬운 그림을 곁들여 한눈에 이해
할 수 있다. 결혼이나 이사를 하는 사람을 위해 집 구
하기나 가구 고르기에 대한 정보도 자세히 담았다.

가와카미 유키 지음 | 240쪽 | 170×220mm | 16,800원

인플루언서 19인의 집 꾸미기 노하우
셀프 인테리어 아이디어 57
베란다와 주방 꾸미기, 공간 활용, 플랜테리어 등 남다
른 감각으로 셀프 인테리어의 진수를 보여주는 19인의
집을 소개한다. 집 안 곳곳에 반짝이는 아이디어가 담
겨 있고 방법이 쉬워 누구나 직접 할 수 있다. 집을 예
쁘고 편하게 꾸미고 싶다면 그들의 노하우를 배워보자.

리스컴 편집부 엮음 | 168쪽 | 188×245mm | 16,000원

내 집은 내가 고친다
집수리 닥터 강쌤의 셀프 집수리
집 안 곳곳에서 생기는 문제들을 출장 수리 없이 내 손
으로 고칠 수 있게 도와주는 책. 집수리 전문가이자
인기 유튜버 저자가 25년 경력을 통해 얻은 노하우
를 알려준다. 전 과정을 사진과 함께 자세히 설명하고,
QR코드를 수록해 동영상도 볼 수 있다.

강태운 지음 | 272쪽 | 190×260mm | 22,000원

119가지 실내식물 가이드
실내식물 죽이지 않고 잘 키우는 방법
반려식물로 삼기 적합한 119가지 실내식물의 특징과
환경, 적절한 관리 방법을 알려주는 가이드북. 식물에
대한 정보를 위치, 빛, 물과 영양, 돌보기로 나누어 보
다 자세하게 설명한다. 식물을 키우며 겪을 수 있는 여
러 문제에 대한 해결책도 제시한다.

베로니카 피어리스 지음 | 144쪽 | 150×195mm | 16,000원

착한 성분, 예쁜 디자인
나만의 핸드메이드 천연비누
예쁘고 건강한 천연비누를 만들 수 있도록 돕는 레시피
북. 천연비누부터 배스밤, 버블바, 배스 솔트까지 39가
지 레시피를 한 권에 담았다. 재료부터 도구, 용어, 팁까
지 비누 만드는 데 알아야 할 정보를 친절하게 설명해 그
대로 따라 하면 누구나 쉽게 천연비누를 만들 수 있다.

오혜리 지음 | 248쪽 | 190×245mm | 18,000원

• 건강 | 다이어트

반듯하고 꼿꼿한 몸매를 유지하는 비결
등 한번 쫙 펴고 삽시다
최신 해부학에 근거해 바른 자세를 만들어주는 간단
한 체조법과 스트레칭 방법을 소개한다. 누구나 쉽게
따라 할 수 있고 꾸준히 실천할 수 있는 1분 프로그램
으로 구성되었다. 수많은 환자들을 완치시킨 비법 운
동으로, 1주일 만에 개선 효과를 확인할 수 있다.

타카히라 나오노부 지음 | 박예수 감수 | 168쪽 |
152×223mm | 16,800원

아침 5분, 저녁 10분
스트레칭이면 충분하다
몸은 튼튼하게 몸매는 탄력 있게 가꿀 수 있는 스트레
칭 동작을 담은 책. 아침 5분, 저녁 10분이라도 꾸준히
스트레칭하면 하루하루가 몰라보게 달라질 것이다. 아
침저녁 동작은 5분을 기본으로 구성하고 좀 더 체계적
인 스트레칭 동작을 위해 10분, 20분 과정도 소개했다.

박서희 지음 | 152쪽 | 188×245mm | 13,000원

라인 살리고, 근력과 유연성 기르는 최고의 전신 운동
필라테스 홈트
필라테스는 자세 교정과 다이어트 효과가 매우 큰 신체
단련 운동이다. 이 책은 전문 스튜디오에 나가지 않고
도 집에서 얼마든지 필라테스를 쉽게 배울 수 있는 방
법을 알려준다. 난이도에 따라 15분, 30분, 50분 프로
그램으로 구성해 누구나 부담 없이 시작할 수 있다.

박서희 지음 | 128쪽 | 215×290mm | 10,000원

마음이 부서지기 전에 …
소심한 당신을 위한 멘탈 처방 70
인간관계에 어려움을 겪는 사람들을 위한 처방전. 정
신과 전문의가 70가지 상황별로 대처하는 방법을 알
려준다. 의사표현이 힘든 사람, 대인관계가 어려운 사
람들에게 추천한다. '멘탈 닥터'의 처방을 따른다면 당
신의 직장생활이 편해질 것이다.

멘탈 닥터 시도 지음 | 312쪽 | 146×205mm | 16,000원

스무 살의 부자 수업
나의 직업은 부자입니다
어떻게 하면 돈을 모으고, 잘 쓸 수 있는지 방법을 알
려주는 돈 벌기 지침서. 스무 살 여대생의 도전기를 읽
다 보면 32가지 부자가 되는 가르침을 익힐 수 있다.
이제 막 돈에 눈을 뜬 이십 대, 사회초년생을 비롯한
부자가 되기를 꿈꾸는 당신에게 추천한다.

토미츠카 아스카 지음 | 256쪽 | 152×223mm | 15,000원

만약에 달걀이 없었더라면 무엇으로 식탁을 차릴까

오늘도
달걀

요리 손성희
어시스트 한아련 이학준 김민정 정유진
사진 한정수(studio etc)
어시스트 김준영
스타일링 나유미
어시스트 서민권 한아현

편집 김연주 이희진 김민주
디자인 오은진 한송이
마케팅 장기봉 이진목 김유정

인쇄 HEP

초판 1쇄 2022년 7월 25일
초판 3쇄 2023년 10월 4일

펴낸이 이진희
펴낸곳 (주)리스컴

주소 서울시 강남구 테헤란로 87길 22, 7층
전화번호 대표번호 02-540-5192
　　　　　　영업부 02-540-5193
　　　　　　편집부 02-544-5194
FAX 02-540-5194
등록번호 제2-3348

ISBN 979-11-5616-275-9 13590
책값은 뒤표지에 있습니다.

유익한 정보와 다양한
이벤트가 있는 리스컴 SNS 채널로
놀러오세요!

blog.naver.com/leescomm
instagram.com/leescom
www.youtube.com/c/leescom

리스컴
블로그

리스컴
유튜브

리스컴
인스타그램